Lecture Notes in Mathematics

Edited by A. Dold and B. Eckmann

780

Laurent Schwartz

Semi-Martingales sur des Variétés, et Martingales Conformes sur des Variétés Analytiques Complexes

Springer-Verlag
Berlin Heidelberg New York 1980

Auteur

Laurent Schwartz
Centre de Mathématiques
de l'Ecole Polytechnique
91128 Palaiseau Cedex
France

AMS Subject Classifications (1980): 32K99, 58C99, 60G46, 60G48

ISBN 3-540-09749-X Springer-Verlag Berlin Heidelberg New York
ISBN 0-387-09749-X Springer-Verlag New York Heidelberg Berlin

CIP-Kurztitelaufnahme der Deutschen Bibliothek
Schwartz, Laurent:
Semi-martingales sur des variétés, et martingales conformes sur des variétés analytiques complexes / Laurent Schwartz. – Berlin, Heidelberg, New York: Springer, 1980.
(Lecture notes in mathematics; 780)
ISBN 3-540-09749-X (Berlin, Heidelberg, New York)
ISBN 0-387-09749-X (New York, Heidelberg, Berlin)

Printing and binding: Beltz Offsetdruck, Hemsbach/Bergstr.
2141/3140-543210

TABLE DES MATIERES

INTRODUCTION

La notion de martingale par rapport à un ensemble Ω muni d'une tribu $\mathcal{O}$, d'une probabilité λ sur $\mathcal{O}$, et d'une famille de tribus λ-mesurables $(\mathcal{T}_t)_{t\in\overline{\mathbb{R}}_+}$, croissante et continue à droite, est bien connue. Les martingales ont été généralisées de deux manières. D'abord, on introduit les martingales locales (M est une martingale locale s'il existe une suite croissante $(T_n)_{n\in\mathbb{N}}$ de temps d'arrêt, tendant stationnairement vers $+\infty$ pour $n\to+\infty$, telle que chaque processus arrêté $X^{T_n}\, 1_{\{T_n>0\}}$ soit une martingale) ; alors qu'une martingale est nécessairement intégrable (M_t est intégrable pour tout t), une martingale locale ne l'est plus nécessairement. Ensuite on définit une semi-martingale : X est une semi-martingale s'il est, de manière non unique mais unique dans le cas de processus continus, la somme d'un processus adapté cadlag à variation finie, et d'une martingale locale. Un processus à variation finie est peu oscillant, alors qu'une martingale locale peut l'être beaucoup ; les principales singularités de la semi-martingale proviendront de la martingale locale. La première raison fondamentale de l'introduction des semi-martingales est qu'on peut calculer l'intégrale d'une fonction H assez régulière par rapport à une fonction à variation finie, $\int_{]0,t]} H_s\, dV_s$, mais que l'on peut aussi, c'est un résultat fondamental dû essentiellement à Itô, calculer une intégrale stochastique $\int_{]0,t]} H_s\, dM_s$ de H, processus prévisible localement borné, par rapport à une martingale locale M ; le calcul ne se fait plus trajectoire par trajectoire, il est global, et dépend non seulement des processus H et M, mais de la mesure de base λ, et d'ailleurs il n'est défini que comme classe de processus, à un ensemble λ-négligeable près de Ω. On peut donc aussi calculer une intégrale stochastique $\int_{]0,t]} H_s\, dX_s$ d'un processus prévisible localement borné H par rapport à une semi-martingale X. Et il existe alors une formule remarquable du changement de variables, aussi due à Itô, ici page 5, qui permet d'exprimer $\varphi(X)$, si φ est une fonction réelle de classe C^2, comme somme d'intégrales stochastiques, portant sur les dérivées $\varphi'(X)$, $\varphi''(X)$, relativement à X et à une autre semi-martingale $\langle X^c, X^c\rangle$. Et ainsi, alors qu'une fonction C^1 d'un processus à variation finie est encore à variation finie, une fonction C^2 d'une semi-martingale est une semi-martingale. Et c'est là la deuxième raison fondamentale de l'introduction des semi-martingales : les martingales ne sont stables que par les applications affines, les semi-martingales sont stables par les applications C^2 ; on peut "courber" une semi-martingale, elle reste une semi-martingale. Ceci est naturellement valable pour des semi-martingales à valeurs dans des espaces vectoriels de dimension finie, et pour des applications φ de classe C^2 d'un espace vectoriel dans un autre. Les semi-martingales ont d'ailleurs bien d'autres stabilités (par exemple on peut remplacer la mesure de base λ par une autre équivalente), ce qui en a fait, dans les dernières années, un outil tout-à-fait fondamental.

Il était alors intuitif qu'on devait pouvoir définir les semi-martingales à valeurs dans des variétés différentielles de classe C^2. Et, curieusement, cela n'avait pas été vraiment fait. C'est d'autant plus curieux que de telles semi-martingales ont été, en fait, utilisées. On a longement étudié le "mouvement brownien" sur une variété, associé à un opérateur différentiel du second ordre elliptique (voir ici § 8). On étudie couramment ce processus carte par carte, comme processus de Markov, mais on ne l'a jamais appelé semi-martingale ! Ce qui a pour conséquence d'oblitérer certaines de ses propriétés. C'est cette lacune que nous allons combler ici. En même temps, on introduira de remarquables intégrables stochastiques par rapport à ces semi-martingales sur les variétés.

Les martingales conformes, à valeurs complexes ou dans un espace vectoriel complexe de dimension finie, ont été étudiées par Getoor et Sharpe [1]. Elles ont diverses application à l'étude des fonctions holomorphes ou harmoniques. Ici la formule de changement de variables d'Itô a une conséquence remarquable : une fonction holomorphe d'une martingale conforme est une martingale conforme, les martingales conformes sont stables par applications holomorphes. Il est donc à présumer qu'on peut définir les martingales conformes à valeurs dans des variétés analytiques complexes. Toutefois il existe ici des difficultés fondamentales, tenant à ce qu'une variété complexe peut avoir très peu de fonctions holomorphes (seulement les constantes si elle est compacte), il faudra tout un mécanisme d'équivalences locales de processus pour dépasser cette difficulté.

Telles ont été les motivations de cet ouvrage. C'est parce qu'elles sont d'ordre très général, et que les semi-martingales sur les variétés me paraissent devoir être utilisées systématiquement (le mouvement brownien sur une variété riemannienne est bien un objet courant !) que je suis heureux que les Lecture Notes veuillent bien leur donner accueil.

Voici maintenant un résumé, paragraphe par paragraphe.

§ 1. Semi-martingales à valeurs dans une variété différentielle, p. 1 à 6.

Ce paragraphe donne d'abord quelques définitions de base, puis la définition (1.2) page 6 d'une semi-martingale X à valeurs dans une variété V de classe C^2 : le processus X est une semi-martingale si, pour toute fonction φ réelle de classe C^2 sur V, $\varphi(X)$ est une semi-martingale réelle ; cela coïncide avec la définition usuelle si V est un espace vectoriel. C'est stable par application C^2 d'une variété dans une autre. Si X est un processus à valeurs dans une sous-variété V' d'une variété V, il est semi-martingale à valeurs dans V' si et seulement s'il est à valeurs dans V.

§ 2. Localisation des semi-martingales, et passage du local au global, p. 7 à 13.

Soit $(A_n)_{n\in\mathbb{N}}$ une suite de parties de $\overline{\mathbb{R}}_+ \times \Omega$, A leur réunion. On souhaite des théorèmes du type suivant : si un processus X sur A est, sur chaque A_n, restriction d'une semi-martingale, il l'est aussi sur A. Sous cette forme générale, c'est évidemment faux. C'est vrai si les A_n sont des ensembles semi-martingales (page 7), et si A est leur réunion stationnaire (pour tout, $\omega \in \Omega$, $A(\omega)$ est réunion d'un nombre fini des $A_n(\omega)$), lemme (2.2), page 8 . On peut aussi considérer (ce sera toujours le cas dans les paragraphes suivants) des A_n ouverts (A_n est ouvert, si, pour tout ω, sa coupe $A_n(\omega)$ est ouverte sur $\overline{\mathbb{R}}_+$). Même là, le résultat est faux, déjà pour une réunion de deux ouverts ; mais il est vrai pour une réunion d'une suite d'ouverts optionnels, si cette réunion est $A = \overline{\mathbb{R}}_+ \times \Omega$ tout entier, proposition (2.4), page 10. Cette possibilité de recollement permettra de considérer, pour une variété V, un atlas $(V'_n)_{n\in\mathbb{N}}$, et de prendre pour A_n les $X^{-1}(V'_n)$ (lorsque que X est continue adaptée). C'est ainsi que nous démontrerons que, si $\widetilde{V}$ est un revêtement de V, X une semi-martingale continue sur V, $\widetilde{X}$ un relèvement de X dans $\widetilde{V}$ (un tel relèvement est connu dès que le relèvement au temps 0, $\widetilde{X}_0$, est connu, parce que $\overline{\mathbb{R}}_+$ est un segment), tel que $\widetilde{X}_0$ soit $\mathcal{T}_0$-mesurable, alors $\widetilde{X}$ est encore une semi-martingale, à valeurs dans $\widetilde{V}$, proposition (2.6) - théorème I, page 11.

§ 3. Localisation des processus attachés à une semi-martingale vectorielle ; équivalence de semi-martingales vectorielles, p. 14 à 28.

Les processus attachés à une semi-martingale X sont la composante martingale locale continue X^c, ses intégrales stochastiques $H \bullet X$; et, pour deux semi-martingales X, Y, leur crochet $[X,Y]$. En dehors des semi-martingales, on ne peut avoir de recollement analogue à la proposition (2.4) : si, dans chaque A_n, X est restriction d'une martingale locale continue, par exemple, il ne l'est jamais dans A, même dans les cas les plus simples. On utilisera la notion d'équivalence. X est équivalent à 0 dans l'ouvert A de $\overline{\mathbb{R}}_+ \times \Omega$, $X \underset{A}{\sim} 0$, s'il est localement (au sens topologique) constant sur A, définition (3.1), page 15 . A partir d'un lemme fondamental (si, pour une martingale locale de carré intégrable M, $\langle M,M\rangle$ est équivalent à 0 sur A, M l'est aussi, lemme (1.3 bis) page 15), on démontre alors les propriétés suivantes : si X est équivalent à 0 sur A, X^c l'est aussi, tous les crochets $[X,Y]$ aussi, et toutes les intégrales stochastiques $H \bullet X$ aussi ; si $H = 0$ sur A, $H \bullet X$ est équivalente à 0 sur A pour toute X, proposition (3.2)-théorème II, page 17. Ce théorème sera la clé de toute la suite. On en déduit qu'une semi-martingale X a un plus grand ouvert d'équivalence avec une martingale locale continue, et qu'il est optionnel, proposition (3.4)-théorème III, page 21 ; donc, si $A = \bigcup_n (A_n)_{n \in \mathbb{N}}$, et si une semi-martingale X est, dans chaque A_n, équivalente à une martingale locale continue, elle l'est aussi dans A. C'est ce passage du local au global pour les équivalences qui remplacera la proposition (2.4) manquante, pour les martingales locales continues. On relie cette localisation à des intégrales stochastiques : pour A ouvert optionnel, X est équivalente sur A à une martingale locale continue, ssi $1_A \cdot X$ est une martingale locale continue, corollaire (3.8), page 25. Enfin on essaie de localiser les processus croissants, de manière à pouvoir localiser les sous-martingales locales continues, comme on a localisé les martingales locales continues ; ce sont les propositions (3.10) page 26 et (3.11) page 27, soumises à la restriction de la continuité de X, gênante pour les applications ; cette restriction est peut-être évitable, mais je n'ai pas pu l'éviter.

§ 4. Martingales conformes vectorielles et leurs localisations, pages 29 à 37.

Dans ce paragraphe, semi-martingale voudra dire semi-martingale continue, martingale voudra dire martingale locale continue. Un processus M, à valeurs vectorielles, est appelé une martingale conforme, si M et M^2 sont des martingales ; ou si M est une martingale, et $\langle M,M \rangle$ constant. La proposition (4.2)-théorème IV donne les propositions d'équivalence ; essentiellement, X est équivalente sur A à une martingale conforme, ssi X et X^2 sont équivalentes à des martingales, ou X à une martingale et $[X,X]$ à 0. On en déduit que X a un plus grand ouvert d'équivalence à une martingale conforme (passage du locale au global), et qu'il est optionnel. Les intégrales stochastiques d'une martingale conforme sont encore des martingales conformes, les fonctions holomorphes d'une martingale conforme sont des martingales conformes, ce qui permettra de définir les martingales conformes sur les variétés analytiques complexes. La proposition (4.3)-théorème V étend ce résultat à des équivalences ; il sera fondamental pour le paragraphe suivant. Puis (4.5) étend aux semi-martingales conformes, pour lesquelles X^c est une martingale conforme.

§ 5. Martingales et semi-martingales conformes à valeurs dans des variétés analytiques complexes, pages 38 à 55.

On pourrait songer à utiliser la même définition que pour une semi-martingale à valeurs dans une variété, en disant que X est une martingale conforme à valeurs dans V si, pour tout fonction φ holomorphe sur V à valeurs complexes, $\varphi(X)$ est une martingale conforme. C'est impossible, parce qu'une variété V qui n'est pas de Stein a trop peu de fonctions holomorphes (si V est compacte, une fonction holomorphe est constante). On devra prendre une définition locale, utilisant les équivalences du paragraphe précédent : X est une martingale conforme si, pour toute φ complexe de classe C^2 sur V, holomorphe sur un ouvert V' de V, $\varphi(X)$ est une semi-martingale, équivalente sur $X^{-1}(V')$ à une martingale conforme, définition (5.1), page 38. Grâce au théorème V, cela redonne la définition usuelle si V est un espace vectoriel. L'image d'une martingale conforme par une application holomorphe de V dans une autre variété analytique W, est trivialement une martingale conforme ; la proposition (5.3)-théorème VI étend ce théorème aux équivalences locales. Par exemple, si X est un processus prenant ses valeurs dans une sous-variété analytique V' de V, X est martingale conforme à valeurs dans V' ssi elle l'est à valeurs dans V, corollaire (5.4) page 41. On en déduit l'analogue du théorème I, la proposition (5.5)-théorème VII : le relèvement d'une martingale conforme dans un revêtement est encore une martingale conforme.

La fin du paragraphe étudie les relations entre martingales conformes, fonctions plurisous-harmoniques et ensembles pluri-polaires. Si X est une martingale conforme, et φ une fonction plurisous-harmonique C^2 sur V, $\varphi(X)$ est une sous-martingale locale continue (avec version locale), proposition (5.8)-théorème VIII, page 44. La proposition (5.10)-théorème VIII bis étend ce résultat aux fonctions plurisous-harmoniques non nécessairement continues, mais seulement si V est un ouvert de $\mathbb{C}^N$, ce qui est regrettable (je ne sais pas si le résultat général est vrai).

Pour terminer, on établit une relation entre martingales conformes et ensembles pluripolaires, analogue à celle qui existe entre mouvement brownien et ensembles polaires en théorie du potentiel. Un ensemble H de $\mathbb{C}$ est polaire (en dimension $N=1$), si, pour tout $a \in \mathbb{C}$, il existe un voisinage U de a et une fonction φ sous-harmonique dans U, non identique à $-\infty$, mais égale à $-\infty$ sur $H \cap U$. On sait alors que le mouvement brownien, quelle que soit sa distribution de départ (il peut partir d'un point de H) est toujours dans $\complement H$ aux temps >0. Comme une martingale conforme à valeurs dans $\mathbb{C}$ est, à un changement de temps près, un mouvement brownien, on en déduit que toute martingale conforme "quitte H sans retour", ce qui veut dire que, dès que la trajectoire a quitté H (ce qui peut ne jamais lui arriver), c'est pour toujours. Il s'agit d'étendre cela aux variétés de dimension $N_{\mathbb{C}}$ quelconque. Les martingales conformes sont alors bien plus générales que des mouvements browniens plus ou moins modifiés ; on doit remplacer les ensembles polaires par les ensembles pluripolaires, pour lesquelles on remplace fonction sous-harmonique par fonction plurisous-harmonique. Mais ce n'est pas exactement ainsi que le problème se présente, on doit considérer les ensembles $\mathbb{C}$-fermés, proches des ensembles pluripolaires, mais pas identiques. C'est l'objet de la proposition (5.11)-théorème VIII ter, page 52, au sujet de laquelle il y a bien des problèmes non résolus.

§ 6. Sous-espaces stables de martingales réelles. Sous-espaces stables et intégrales stochastiques associées à une semi-martingale à valeurs dans une variété, pages 56 à 85.

Nous revenons au cas réel ; dans ce paragraphe, semi-martingale voudra dire semi-martingale continue, martingale voudra dire martingale locale continue nulle au temps 0. Deux martingales M, N, sont orthogonales si $\langle M,N\rangle = 0$. Un espace stable $\mathcal{M}$ de martingales est un espace vectoriel de martingales, tel que : a) si $M \in \mathcal{M}$, si T est un temps d'arrêt, $M^T \in \mathcal{M}$; b) si $(T_n)_{n\in\mathbb{N}}$ est une suite croissante de temps d'arrêt tendant stationnairement vers $+\infty$ pour $n \to \infty$, et si, pour tout n, $M^{T_n} \in \mathcal{M}$, alors $M \in \mathcal{M}$; c) si $\mathcal{L}^2$ est l'espace des martingales vraies (pas seulement locales) de carré intégrable, $\mathcal{M} \cap \mathcal{L}^2$ est fermé dans $\mathcal{L}^2$. On établit alors des relations entre la stabilité et l'orthogonalité ; le sous-espace stable engendré par un espace de martingales est son biorthogonal, et, si $\mathcal{M}$ est stable, $\mathcal{M}^+$ l'est aussi et l'espace des martingales est somme directe $\mathcal{M} \oplus \mathcal{M}^+$. Le sous-espace stable engendré par m martingales orthogonales $(M_k)_{k=1,\ldots,m}$ est l'ensemble des $H_1 \cdot M_1 + H_2 \cdot M_2 + \ldots + H_m \cdot M_m$, où H_k est dM_k-intégrable. Si alors X est une semi-martingale sur une variété V, on appelle $\mathcal{M}(X)$ le sous-espace stable de martingales engendré par les $(\varphi(X))^c$, φ fonctions réelles C^2 sur V. Comme V est plongeable dans $\mathbb{R}^{2N+1}$, $N = \dim V$, $\mathcal{M}(X)$ est engendré par $m \leq 2N+1$ martingales orthogonales. On établit alors une remarquable formule symbolique : si les M_k, $k = 1,2,\ldots,m$, sont des martingales orthogonales engendrant au moins $\mathcal{M}(X)$, on peut écrire symboliquement, d'une manière unique, $X^c = \sum_k H_k \cdot M_k$, où les H_k sont des processus tangents optionnels intégrables ($H_k(t,\omega)$ est un vecteur tangent au point $X(t,\omega)$, H_k est dM_k-intégrable) ; ce qui veut dire, que pour tout plongement de V dans un espace vectoriel, X^c s'écrit effectivement de cette manière, voir (6.2)-théorème IX, page 62. Ceci permet d'introduire de remarquables intégrales stochastiques, les intégrales de processus optionnels cotangents. Un tel processus J est optionnel, à valeurs dans le fibré cotangent, $J(t,\omega)$ cotangent au point $X(t,\omega)$. On peut alors essayer de définir l'intégrale stochastique $(J \cdot X)_t = \int_{]0,t]} (J_s | dX_s)$, dans la mesure où dX est presque tangent. En fait, on ne le peut pas, mais on peut définir sa composante martingale , $J \bullet X^c$. Un moyen direct d'y arriver est d'utiliser la martingale symbolique indiquée ci-dessus, $X^c = \sum_k H_k \bullet M_k$, en posant $J \bullet X^c = \sum_k (J|H_k) \bullet M_k$, J étant dX^c-intégrable si et seulement si chaque $(J|H_k)$ est dM_k-intégrable, proposition (6.5) - théorème X page 67. Et l'ensemble des $J \bullet X^c$ ainsi obtenu est exactement l'espace $\mathcal{M}(X)$ engendré par X, proposition (6.4)-théorème XI, page 74. Comme alors l'ensemble des J peut être engendré par N processus cotangents optionnels, $\mathcal{M}(X)$ admet un système générateur de $m \le N$ martingales orthogonales, au lieu de $m \le 2N+1$ trouvé antérieurement, proposition (6.5)-théorème XII, page 78. La proposition (6.7) page 83 étudie les sous-espaces stables $\mathcal{M}(X)$ et leurs équivalences sur des ouverts de $\overline{\mathbb{R}}_+ \times \Omega$, et on en déduit que, si $\widetilde{X}$ est un relèvement de X dans un revêtement $\widetilde{V}$ de V, $\mathcal{M}(\widetilde{X}) = \mathcal{M}(X)$.

§ 7. Sous-espaces stables de martingales complexes. Sous-espaces stables et intégrales stochastiques associées à une semi-martingale conforme à valeurs dans une variété analytique, pages 86 à 100.

Ici V est une variété analytique. Si X est une semi-martingale à valeurs dans V, on considèrera l'espace stable $\mathcal{M}(X)$ de martingales complexes engendré par les $(\varphi(X))^c$, φ fonctions complexes de classe C^2 sur V, et des intégrales stochastiques $J \bullet X^c$ de processus cotangents complexes J. Parmi les vecteurs cotangents complexes en un point de V (applications $\mathbb{R}$-linéaires de l'espace tangent en v dans $\mathbb{C}$) figurent ceux, appelés $\mathbb{C}$-cotangents, qui sont des formes $\mathbb{C}$-linéaires sur l'espace tangent en v, relativement à la structuree complexe de l'espace tangent définie par celle de V. On peut alors donner une caractérisation globale des semi-martingales conformes (alors que la définition (5.1) page 38 était locale) : X est une semi-martingale conforme si et seulement si, pour tout J processus optionneel $\mathbb{C}$-cotangent dX^c-intégrable, $J \bullet X^c$ est une martingale conforme, proposition (7.1)-théorème XIII, page 89. On peut aussi, page 92 , donner de manière analogue une définition globale des martingales conformes, en utilisant les intégrales stochastiques de Stratonovitch.

A côté de l'espace $\mathcal{M}(X)$, existe un espace plus petit, $\mathcal{M}_{\mathbb{C}}(X)$; si X est une martingale complexe M (à valeurs dans $V=\mathbb{C}$), $\mathcal{M}(X)$ est l'espace stable engendré par Re M et Im M, alors que $\mathcal{M}_{\mathbb{C}}(M)$ est l'espace engendré par M seule. On définit $\mathcal{M}_{\mathbb{C}}(X)$ comme l'espace des $J \cdot X^c$, pour tous les J $\mathbb{C}$-cotangents optionnels dX^c-intégrables. On étudie ensuite ses équivalences sur des ouverts de $\overline{\mathbb{R}}_+ \times \Omega$, et on en déduit que, si $\tilde{X}$ est le relèvement de X sur un revêtement $\tilde{V}$ de V, $\mathcal{M}_{\mathbb{C}}(\tilde{X}) = \mathcal{M}_{\mathbb{C}}(X)$, proposition (7.4) page 98. Si V est de Stein, $\mathcal{M}_{\mathbb{C}}(X)$ est simplement l'espace stable de martingales engendré par les $(\varphi(X))^c$, φ holomorphes sur V, corollaire (7.5) page 98, comme $\mathcal{M}(X)$ était l'espace engendré par les $(\varphi(X))^c$, φ de classe C^2 sur V.

§ 8. Diffusion et mouvement brownien sur une variété sans bord, pages 101 à 120.

Soit L un opérateur différentiel sur V, de second ordre, sans terme constant, lu dans une carte comme

$$L = \frac{1}{2} \sum_{i,j} a^{i,j}(x) \frac{\partial^2}{\partial x^i \partial x^j} + \sum_i b^i(x) \frac{\partial}{\partial x^i} .$$

Les $a^{i,j}$ définissent intrinsèquement un champ de formes quadratiques sur les espaces cotangents, donc une structure riemannienne sur V ; on désignera par $(\ |\ )_{T^*}$ le produit scalaire ainsi défini sur les espaces cotangents. Les méthodes de Stroock et Varadhan lui associent un processus de Markov. On montre alors que ce processus X est une semi-martingale, proposition (8.4)-théorème XIV, dont on détermine très explicitement la composante X^c au sens du § 6. La proposition (8.5)-théorème XV, page 107, étudie les intégrales stochastiques $J \cdot X^c$: J est dX^c-intégrable ssi $(J|J)_{T^*}$ est presque sûrement intégrable Lebesgue. On a la formule remarquable, pour deux processus optionnels cotangents J, J' : $\langle J \cdot X^c, J' \cdot X^c \rangle_t = \int_{]0,t]} (J_s | J'_s)_{T^*}\, ds$, formule (8.6), page 107. Si $J^1, J^2, \dots, J^N$ sont N processus optionnels cotangents orthonormés, les $J^k \cdot X^c = B^k$

sont N mouvements browniens indépendants. On suppose ensuite V analytique complexe, et L hermitienne ; alors, X est une semi-martingale conforme, proposition (8.9)-théorème XVI, page 116 , et une martingale conforme si L est pseudo-kählérienne (en particulier si L est le laplacien d'une structure kählérienne sur V), proposition (8.11)-théorème XVII, page 119 .

Ce texte a été dactylographié au Centre de Mathématiques de l'Ecole Polytechnique, Laboratoire Associé au C.N.R.S. No 169, par Marie-José Lécuyer.

§ 1. SEMI-MARTINGALES A VALEURS DANS UNE VARIETE DIFFERENTIELLE.

Nous emploierons, à quelques modifications près, les notations de Paul-André MEYER [1], auquel il sera référé par M[1]. Pour les notions de base, on pourra consulter aussi Paul-André MEYER [2], ou Claude DELLACHERIE [1]. Les processus seront toutefois définis sur $\overline{\mathbb{R}}_+ \times \Omega$, au lieu de $\mathbb{R}_+ \times \Omega$, $\overline{\mathbb{R}}_+$ étant la demi-droite achevée $[0,\infty]$. Si le processus est noté X, sa valeur en $(t,\omega) \in \overline{\mathbb{R}}_+ \times \Omega$ sera $X(t,\omega)$; pour $\omega \in \Omega$, la trajectoire $X(\omega)$ sera la fonction $t \mapsto X(t,\omega)$; pour $t \in \overline{\mathbb{R}}_+$, X_t sera la fonction $\omega \mapsto X(t,\omega)$. En général, X prendra ses valeurs dans un espace topologique, d'abord un espace vectoriel de dimension finie sur $\mathbb{R}$ ou $\mathbb{C}$, ensuite une variété différentielle de classe C^2. On dira que le processus est cadlag (continu à droite, pourvu de limites à gauche), si, pour tout ω, $X(\omega)$ est cadlag ; il sera alors souvent commode de considérer que la trajectoire est la fonction $(t,\omega) \mapsto X(t,\omega)$, $(t,\omega) \mapsto X(t_-,\omega)$, définie sur $[0,\infty] \times]0,\infty]$, et elle sera alors compacte. Bien sûr, Ω sera muni d'une tribu $\mathcal{O}$ et d'une probabilité λ, ainsi que d'une famille de tribus $(\mathcal{T}_t)_{t \in \overline{\mathbb{R}}_+}$ λ-mesurables, croissante, et continue à droite (i.e. $\mathcal{T}_t = \bigcap_{t'>t} \mathcal{T}_{t'}$, pour $t < +\infty$). On supposera aussi que chaque $\mathcal{T}_t$ contient toutes les parties λ-négligeables. Le processus X est alors dit adapté si toute X_t est $\mathcal{T}_t$-mesurable. Rappelons qu'un temps d'arrêt[*] est une variable aléatoire (que nous supposerons ici partout définie, à valeurs dans $\overline{\mathbb{R}}_+$) telle que, pour tout t, l'ensemble $\{T \leq t\}$ soit $\mathcal{T}_t$-mesurable. La tribu $\mathcal{T}_t$ du temps d'arrêt T est alors l'ensemble des $A \subset \Omega$ tels que, pour tout t, $A \cap \{T \leq t\} \in \mathcal{T}_t$. On dit habituellement qu'un processus réel ou vectoriel X, nul au temps

---

[*] Pour les temps d'arrêt, consulter Claude DELLACHERIE [1], chapitre III, page 44.

$0 (X_0 = 0)$ vérifie <u>localement</u> une propriété P (par exemple X est une martingale locale, si P est la propriété d'être une martingale ; martingale sous-entend toujours cadlag), s'il existe une suite croissante $(T_n)_{n \in \mathbb{N}}$ de temps d'arrêt, tendant vers $+\infty$ pour $n \to +\infty$, telle que chaque processus arrêté X^{T_n}, défini par $X_t^{T_n} = X_{T_n \wedge t}$, ait la propriété P (par exemple soit une martingale) ; et, pour X quelconque, X a localement la propriété P si $X - X_0$ l'a•. Ceci permet, par exemple, à un processus constant c, adapté à l'instant 0 donc à tout instant, d'être une martingale locale, bien que non nécessairement intégrable ; et, si M est une martingale, cM l'est aussi. On veut en somme que, si X a localement la propriété P, $X + c$ et cX l'aient aussi. C'est <u>en général</u> équivalent à dire que chaque processus $X^{T_n} 1_{\{T_n > 0\}}$ a la propriété P (on utilise le fait qu'il existe une suite croissante $(\Omega_n)_{n \in \mathbb{N}}$ de partie de Ω, de réunion Ω, $\Omega_n \in \mathcal{T}_0$, telles que X_0 soit bornée sur chaque Ω_n, à savoir $\Omega_n = \{ |X_0| \leq n \}$; si alors $S_n = +\infty$ sur Ω_n, 0 sur $\complement \Omega_n$, S_n est un temps d'arrêt, alors $X^{S_n} 1_{\{S_n > 0\}}$ est nul sur $\overline{\mathbb{R}}_+ \times \complement \Omega_n$, et borné au temps 0). Avec cette définition, le mouvement brownien, défini seulement sur $\mathbb{R}_+ \times \Omega$, pris égal à une constante arbitraire au temps $+\infty$ (il n'est plus alors cadlag sur $\overline{\mathbb{R}}_+ \times \Omega$), est une martingale locale, en prenant $T_n = n$. C'est ce que nous ne voulons pas ici. Nous serons donc amenés à modifier cette définition de deux manières. D'une part la tendance des T_n vers $+\infty$ était adaptée aux processus sur $\mathbb{R}_+ \times \Omega$; pour des processus sur $\overline{\mathbb{R}}_+ \times \Omega$, nous supposerons que les T_n tendent <u>stationnairement</u> vers $+\infty$, c-à-d. que, pour tout ω, $T_n(\omega) = +\infty$ pour n assez grand. (Alors le mouvement brownien prolongé n'est plus une martingale locale, puisqu'il n'est pas cadlag !) Ensuite, X prendra souvent ses valeurs dans une variété V, alors $X - X_0$ n'a aucun sens, ni $X^{T_n} 1_{\{T_n > 0\}}$. Nous dirons donc qu'un processus X

• Voir par exemple la définition d'une martingale locale dans M[1], définition 1, page 291.

a localement la propriété P s'il existe une suite croissante $(T_n)_{n\in\mathbb{N}}$ de temps d'arrêt tendant stationnairement vers $+\infty$, telle que, pour tout n, le processus arrêté X^{T_n}, considéré sur $\overline{\mathbb{R}}_+ \times \Omega_n$, $\Omega_n = \{T_n > 0\}$, ait la propriété P. (Cela supposera que P soit définissable pour une telle restriction à $\overline{\mathbb{R}}_+ \times \Omega_n$, ce qui sera le cas en général. Sur Ω_n, λ n'est plus une probabilité, mais seulement une mesure ≥ 0, ce qui est sans importance ; on pourra la remplacer par son quotient par $\lambda(\Omega_n)$, qui est une probabilité. Les $\mathcal{C}_t$ doivent alors être remplacées par les tribus induites sur Ω_n.)

Pour expliciter complètement : M est une martingale locale, s'il existe une suite $(T_n)_{n\in\mathbb{N}}$ croissante de temps d'arrêt, tendant stationnairement vers $+\infty$, telle que, indifféremment, $(X - X_0)^{T_n} = X^{T_n} - X_0$ soit une martingale, ou $X^{T_n} 1_{\{T_n > 0\}}$ soit une martingale, ou X^{T_n}, sur $\overline{\mathbb{R}}_+ \times \{T_n > 0\}$, soit une martingale. Nous négligerons toujours les ensembles λ-évanescents de $\overline{\mathbb{R}}_+ \times \Omega$, encore appelés λ-négligeables, c-à-d. les ensembles dont la projection sur Ω est λ-négligeable ; nous ne le répèterons pas à chaque fois. Par exemple, nous dirons que X est cadlag si, pour λ-presque tout ω, $X(\omega)$ est cadlag. De même, dans la définition des propriétés locales, on pourra se borner à supposer que, pour λ-presque tout ω, $T_n(\omega) = +\infty$ pour n assez grand.

Les espaces vectoriels considérés dans les §§ 1, 2, 3, seront des espaces vectoriels sur $\mathbb{R}$, de dimension finie.

Définition (1.1) : Une semi-martingale à valeurs dans un espace vectoriel E est un processus qui peut s'exprimer (de manière non unique), comme somme d'un processus adapté cadlag à variation finie et d'une martingale locale*.

---

* C'est la définition de M[1], 15, page 298.

Nous utiliserons constamment la formule d'Itô, si possible sous une forme intrinsèque, c-à-d. indépendante de tout choix d'une base de E. Soit f une application C^2 d'un ouvert U de E dans un autre espace vectoriel F , et supposons tous les $X(t,\omega)$, et tous les $X(t_-,\omega)$, $t>0$, dans U ; i.e. pour tout ω, le compact $\overline{X(\omega)(\overline{\mathbb{R}}_+)}$ est dans U. Alors en un point x de U, $f'(x)$ est un élément de $\mathcal{L}(E;F)$, espace des applications linéaires de E dans F ; si $u\in E$, sa valeur $f'(x)u$ sur u est un élément de F. La dérivée seconde $f''(x)$ est un élément de $\mathcal{B}(E\times E;F)$, espace des applications bilinéaires de $E\times E$ dans F ; si u, v, sont des éléments de E, $f''(x)(u,v)\in F$. Pour X processus cadlag, $\Delta X_s = X_s - X_{s_-}$. On démontre qu'une semi-martingale X admet une décomposition unique (unique voudra toujours dire : aux ensembles évanescents près) en une somme $X = X^d + X^c$ *, où X^c est une martingale locale continue nulle en 0, et X^d un processus dit "purement discontinu " , c-à-d. localement somme d'un processus à variation finie et d'une martingale de carré intégrable purement discontinue. (Ce mot purement discontinu est assez impropre, puisqu'un processus à variation finie <u>continu</u> est dit ainsi purement discontinu.)

Si M et N sont localement des martingales de carré intégrable, à valeurs réelles, $\langle M,N\rangle$ est l'unique processus prévisible cadlag, à variation localement intégrable, tel que $MN - \langle M,N\rangle$ soit une martingale locale nulle au temps 0 **. Ainsi $\langle M,M\rangle$ est un processus croissant ≥ 0. Si maintenant M, N sont à valeurs dans des espaces vectoriels E, F, MN et $\langle M,N\rangle$ seront à valeurs dans le produit tensoriel $E\otimes F$; par rapport à des bases de E et F, leurs composantes sont les $M_i N_j$ et les $\langle M_i,N_j\rangle$. Si alors X est une semi-martingale, on pose

$$[X,Y]_t = X_o Y_o + \sum_{0<s\leq t} \Delta X_s \, \Delta Y_s + \langle X^c,Y^c\rangle_t \quad *$$

---

* Voir M[1], page 298 ; ** Voir [M]1, page 267.

ce qui, avec des coordonnées, s'écrit :

$$[X,Y]_{t;i,j} = X_{o;i}\, Y_{o;j} + \sum_{0<s\leq t} \Delta X_{s;i}\, \Delta Y_{s;j} + \langle X_i^c, Y_j^c\rangle_t \;.$$

La formule d'Itô s'écrit alors, pour $f \in C^2$ (1) :

$$f(X_t) - f(X_o) = \int_{]0,t]} f'(X_{s_-})\, dX_s + \sum_{0<s\leq t} (f(X_s) - f(X_{s_-}) - f'(X_{s_-})\Delta X_s)$$

$$+ \frac{1}{2} \int_{]0,t]} f''(X_s)\, d\langle X^c, X^c\rangle_s \;.$$

Avec $f'(X_{s_-}) \in \mathcal{L}(E;F)$, dX_s et $\Delta X_s \in E$, $f''(X_s) \in \mathcal{B}(E\times E;F)$, on pourra, en prenant des coordonnées, retrouver les formules habituelles ; on se souviendra qu'une application bilinéaire de $E\times E$ dans F est la même chose qu'une application linéaire de $E\otimes E$ dans F. L'intérêt de ces formules intrinsèques est d'une part la simplicité des notations, d'autre part de permettre, si l'on en a envie un jour, d'étendre aux espaces de Banach de dimension infinie.

Ceci montre, et ce sera le fondement de ce qui va suivre, que $f\circ X$ <u>est une semi-martingale à valeurs dans</u> F (2).

Dans la suite, <u>variété voudra dire</u> : <u>variété différentielle connexe de dimension finie</u>, <u>de classe</u> C^2, <u>avec ou sans bord</u>, <u>séparée</u>, <u>dénombrable à l'infini</u>. Nous ne voulons pas nous embarrasser avec les bords, qui n'ont peut-être ici aucun intérêt. C'est pourquoi, <u>sous-variété</u> voudra dire : <u>sous-variété</u>, <u>non nécessairement fermée</u>, <u>avec ou sans bord</u>, <u>mais ouverte ou ne rencontrant pas le bord de</u> V. <u>Un plongement de</u> V <u>dans une variété</u> W <u>voudra dire</u> : <u>une application</u> C^2 <u>de</u> V <u>dans</u> W, <u>dont l'image est une sous-variété</u> W' <u>de</u> W, <u>et qui est un</u> C^2<u>-difféomorphisme de</u> V <u>sur</u> W' (3).

Définition (1.2) : Soit V une variété. Un processus X à valeurs dans V est dit être une semi-martingale, si et seulement si, pour toute fonction réelle φ de classe C^2 sur V, $\varphi \circ X$ est une semi-martingale réelle. (Ici $\varphi \circ X$ est le processus composé $(t,\omega) \to \varphi(X(t,\omega))$; on peut aussi l'écrire $\varphi(X)$.) Cela entraîne que X soit adaptée cad-lag.

Il en résulte aussitôt que, si f est une application C^2 de V dans une autre variété W, $f \circ X$ est une semi-martingale à valeurs dans W. Si alors V est sous-variété d'un espace vectoriel E, et X est une semi-martingale à valeurs dans V, elle l'est aussi à valeurs dans E, car les fonctions coordonnées sont des fonctions C^2 sur V. La réciproque est vraie : si X est une semi-martingale à valeurs dans E, et si tous les $X(\omega)(\overline{\mathbb{R}}_+)$ sont dans V, X est une semi-martingale à valeurs dans V ; en effet, soit φ une fonction réelle C^2 sur V ; V n'est pas nécessairement fermée dans E, mais il existe un ouvert U de E, contenant V, tel que V soit fermée dans U ; alors φ est prolongeable en une fonction $\overline{\varphi}$ réelle C^2 sur U (c'est évident localement, et on fait une partition de l'unité) ; alors X prend ses valeurs dans U, et Itô dit que $\overline{\varphi} \circ X$ est une semi-martingale, donc $\varphi \circ X$ aussi, donc X est une semi-martingale à valeurs dans V. Plus généralement, si X est un processus à valeurs dans V, si V' est une sous-variété, et si tous les $X(\omega)(\overline{\mathbb{R}}_+)$ sont dans V', X est une semi-martingale à valeurs dans V' ssi il l'est à valeurs dans V ; car un plongement de V dans un espace vectoriel E définit un plongement de V'.

Rappelons que toute variété V de dimension N est plongeable proprement, c-à-d. comme variété fermée, dans $\mathbb{R}^{2N+1}$ •.

***

•Voir M. BERGER et B. GOSTIAUX [1].

§ 2. LOCALISATION DES SEMI-MARTINGALES, ET PASSAGE DU LOCAL AU GLOBAL.

Soit A un ensemble de $\overline{\mathbb{R}}_+ \times \Omega$. On dira qu'il est ouvert si, pour λ-presque tout ω, $A(\omega) = \{t \; ; (t,\omega) \in A\}$ est ouvert dans $\overline{\mathbb{R}}_+$; d'où la notion d'intérieur d'un ensemble A.

On dira que A est un ensemble semi-martingale si sa fonction caractéristique 1_A est une semi-martingale ; pour cela, il faut et suffit qu'il soit adapté cadlag, et il est alors à variation finie (car, s'il est cadlag, il est localement à variation 0 ou 1 donc finie, donc aussi globalement, et alors, s'il est adapté, il est semi-martingale). On dit qu'un ensemble A de $\overline{\mathbb{R}}_+ \times \Omega$ est réunion stationnaire d'une suite $(A_n)_{n \in \mathbb{N}}$ d'ensembles, si, pour λ-presque tout ω, $A(\omega)$ est réunion d'un nombre fini des A_n. Les ensembles semi-martingales sont stables par complémentation et par réunions et intersections finies ou dénombrables stationnaires, puisque cela revient à adapté cadlag.

On pourrait souhaiter un théorème du type suivant : si $A = \bigcup_n A_n$, et si, sur chaque A_n, X, processus défini sur A, est la restriction d'une semi-martingale (définie sur $\overline{\mathbb{R}}_+ \times \Omega$), il l'est aussi sur A. Cela ne peut pas être vrai pour des ensembles A_n quelconques. Mais, même pour des A_n très simples, ce n'est pas vrai pour une réunion dénombrable croissante. Il suffit de prendre le cas déterministe, Ω réduit à un point, $A_n = [0,n[$, $A = [0,+\infty[$. Les martingales sont alors les processus constants, et les semi-martingales réelles sont les processus à variation finie. Or X, définie sur $[0,+\infty[$, peut être à variation finie sur tout $[0,n[$, sans l'être sur $[0,+\infty[$. De même le mouvement brownien, défini sur $[0,+\infty[\times \Omega$, est, sur tout $[0,n[\times \Omega$, la restriction d'une martingale (égale, pour $t \geq n$, à sa valeur au temps n), mais n'est pas, sur $[0,+\infty[$, restriction d'une semi-martingale puisque

X_t n'a pas de limite pour $t \to +\infty$. Il faudra donc utiliser les réunions dénombrables stationnaires. D'autre part, comme me l'a communiqué STRICKER, un processus défini sur une réunion de deux ouverts, et qui est, sur chacun d'eux, restriction d'une semi-martingale, ne l'est pas nécessairement sur leur réunion. Il suffit de prendre Ω réduit à un point (une semi-martingale est alors simplement un processus à variation finie), les ouverts $\bigcup_{n\in\mathbb{N}}]2n,2n+1[$ et $\bigcup_{n\in\mathbb{N}}]2n+1,2n+2[$, et le processus égal à +1 sur le premier et à -1 sur le deuxième ; il n'est pas à variation finie !

Lemme 2.1 : Soient A un ensemble semi-martingale de $\overline{\mathbb{R}}_+ \times\Omega$, V' une sous-variété de V, X un processus défini sur A à valeurs dans V, $\overline{X(\omega)\ (A(\omega))} \subset V'$ pour tout $\omega\in\Omega$; c'est en particulier vrai, pour V' fermée, dès que $X(A)\subset V'$. Si X est la restriction à A d'une semi-martingale à valeurs dans V, il est aussi restriction d'une semi-martingale à valeurs dans V'.

Démonstration : Plongeons V dans un espace vectoriel. Soit $\overline{X}$ une semi-martingale à valeurs dans V, telle que $\overline{X} = X$ sur A. Alors, si $c \in V'$, $1_A \overline{X} + 1_{\complement A}\, c$ est une semi-martingale définie partout à valeurs dans E (somme de produits de semi-martingales), donc à valeurs dans V' plongée dans E (parce que $\overline{X}(\omega)(\overline{\mathbb{R}}_+) \subset \overline{\overline{X}(\omega)(A(\omega))} \cup \{c\} = \overline{X(\omega)A(\omega)} \cup \{c\} \subset V'$), et elle vaut X sur A.

Lemme 2.2 : Soit A une partie optionnelle de $\overline{\mathbb{R}}_+ \times\Omega$, recouverte stationnairement par la réunion d'une suite $(A_n)_{n\in\mathbb{N}}$ de parties optionnelles, et X un processus défini sur A, qui est, sur chaque $A\cap A_n$, restriction d'une semi-martingale ; alors X est restriction à A d'une semi-martingale, au moins dans les deux cas suivants :

1) les A_n sont des parties semi-martingales ;

2) la suite $(A_n)_{n\in\mathbb{N}}$ est croissante ,

<u>Démonstration</u> : 1) Il suffit de le montrer dans le cas d'une suite finie, $(A_n)_{1\leq n\leq N}$, la suite infinie résultera alors de 2). Plongeons V proprement dans un espace vectoriel E. Quitte à prendre des intersections, nous pouvons supposer les A_n disjointes. Alors, si $c \in V$, X est, sur A, la restriction de $\sum_{n=1}^{N} 1_{A_n} X_n + c\, 1_{\complement(A_1 \cup A_2 \cup \dots \cup A_N)}$, où X_n est une semi-martingale sur $\overline{\mathbb{R}}_+ \times \Omega$, égale à X sur $A \cap A_n$. Et ceci est une semi-martingale parce qu'une somme et un produit de semi-martingales sont des semi-martingales, et elle prend ses valeurs dans V fermée, donc est une semi-martingale à valeurs dans V.

2) Soit d'abord A réunion dénombrable stationnaire d'une suite croissante $(A_n)_{n\in\mathbb{N}}$ de parties optionnelles. Soit T_n le début de l'ensemble optionnel $\{1_{A_n} < 1_A\}$. Les T_n forment une suite croissante de temps d'arrêt tendant stationnairement vers $+\infty$. Soit X_n une semi-martingale partout définie, égale à X sur A_n. Considérons le processus Y_n, $n \geq 1$, égal à X_o sur $[0,T_o[$, à X_1 sur $[T_o,T_1[$,... à X_{n-1} sur $[T_{n-2},T_{n-1}[$, et à X_n sur $[T_{n-1},+\infty]$. D'après la partie 1), étant restriction de semi-martingales sur des ensembles semi-martingales en nombre fini, il est une semi-martingale. Considérons ensuite le processus Y, égal à X_o dans $[0,T_o[$, à X_n dans chaque $[T_{n-1},T_n[$, $n \geq 1$, et, au temps $+\infty$, égal à X sur A et à une constante sur $\complement A$. Il est adapté au temps $+\infty$, c-à-d. $\mathcal{T}_\infty$-mesurable ; en effet, au temps $+\infty$, $A_n \in \mathcal{T}_\infty$, X_n est $\mathcal{T}_\infty$-mesurable, donc aussi X sur A_n ; donc, au temps $+\infty$, A est $\mathcal{T}_\infty$-mesurable, et X est $\mathcal{T}_\infty$-mesurable. Ensuite, dans tout $[0,T_n[$, Y est égal à Y_n, semi-martingale définie partout. Donc Y est une semi-martingale(4). Mais, dans $[0,T_n[$, $A_n = A$; donc, dans $[T_{n-1},T_n[$, sur $A = A_n$, $Y = Y_n = X_n = X$; c'est aussi vrai dans $[0,T_o[$; et aussi au temps $+\infty$, $Y = X$ sur A. Donc X est bien, sur A, égal à Y, donc est restriction à A d'une semi-martingale. Si maintenant A est seulement optionnelle, recouverte stationnairement par la suite des A_n (pour tout ω, $A(\omega) \subset A_n(\omega)$ pour n assez grand), on applique le résultat qu'on vient de démontrer

aux $A \cap A_n$, de réunion stationnaire A.

Lemme (2.3) : Soit $B \subset \overline{\mathbb{R}}_+ \times \Omega$. Soit $s \in \mathbb{Q}_+$, et soit $S(s,B)$ (qu'on abrègera abusivement par S ; s se "retrouve" dans la majuscule S) le temps de sortie $\geq s$ de B. On appellera $[s,S|$ l'ensemble réunion de $[s,S[$ et de $\{+\infty\} \times H$, $H = H(s,B) = \{\omega \in \Omega ; S(\omega) = +\infty$ et $(+\infty,\omega) \in B\}$. Soit enfin $|s,S|$ l'intérieur de $[s,S|$, c-à-d. $]s,S|$ pour $s \neq 0$ et $[s,S|$ pour $s = 0$.

1) Si B est progressif, S est un temps d'arrêt ;

2) si B est ouvert, il est la réunion des $|s,S|$, $s \in \mathbb{Q}_+$;

3) si B est ouvert, il est progressif si et seulement s'il est optionnel ; ou si et seulement si les S sont des temps d'arrêt et $B_\infty = \{\omega \in \Omega ; (+\infty,\omega) \in B\}$ est $\mathcal{C}_\infty$-mesurable ;

4) si $(A_n)_{n \in \mathbb{N}}$ est un recouvrement ouvert optionnel de $\overline{\mathbb{R}}_+ \times \Omega$, et si $S_n = S(s,A_n)$, $\overline{\mathbb{R}}_+ \times \Omega$ est réunion stationnaire des $|s,S_n|$, $s \in \mathbb{Q}_+$, $n \in \mathbb{N}$, et aussi des $[s,S_n|$.

Démonstration : Tout est évident. 1) : S est le début d'un ensemble progressif ; 2) : trivial. Donc, si B est ouvert progressif, les S sont des temps d'arrêt, et B_∞ est $\mathcal{C}_\infty$-mesurable, alors 3) : si les S sont des temps d'arrêt, donc les $[s,S[$ optionnels, et H $\mathcal{C}_\infty$-mesurable, B est réunion dénombrable d'optionnels donc optionnel ; 4) : $\overline{\mathbb{R}}_+$, réunion d'ouverts et compact, en est réunion finie.

Proposition (2.4)[5] : Soit A un compact optionnel de $\overline{\mathbb{R}}_+ \times \Omega$ (chaque $A(\omega)$ est un compact de $\overline{\mathbb{R}}_+$), (par exemple, $A = \overline{\mathbb{R}}_+ \times \Omega$ tout entier), $(A_n)_{n \in \mathbb{N}}$ un recouvrement de A par des ouverts optionnels. Si X, processus défini sur A, est restriction à chaque $A \cap A_n$ d'une semi-martingale, il est restriction à A d'une semi-martingale.

Démonstration : X est, pour chaque ensemble semi-martingale $[s,S_n|$

du lemme précédent, restriction à $A \cap [s, S_n|$ d'une semi-martingale ; comme A est compact, il est recouvert stationnairement par les $|s, S_n|$, $s \in \mathbb{Q}_+$, $n \in \mathbb{N}$, donc par les $[s, S_n|$, et on applique (2.2).

Lemme (2.5) : Soit X un processus adapté continu à valeurs dans V. Supposons qu'il existe des suites $(V'_n)_{n\in\mathbb{N}}$, $(W_n)_{n\in\mathbb{N}}$, $(f_n)_{n\in\mathbb{N}}$, où $(V'_n)_{n\in\mathbb{N}}$ est un recouvrement ouvert de V, W_n est une variété, f_n un C^2-difféomorphisme de V'_n sur une sous-variété W'_n de W_n, et que chaque $f_n \circ X$ soit la restriction à $X^{-1}(V'_n)$ d'une semi-martingale Z_n à valeurs dans W_n. Alors X est une semi-martingale à valeurs dans V.

Démonstration : Quitte à démultiplier les V'_n, on peut les supposer relativement compacts. Soit $(V''_n)_{n\in\mathbb{N}}$ un recouvrement subordonné, donc $\overline{V}''_n$ compact $\subset V'_n$, et $f_n(V''_n) = W''_n$, $\overline{W}''_n$ compact $\subset W'_n$. Soit $\Phi_n = f_n^{-1}$. Soit φ une fonction réelle C^2 sur V. Soit ψ_n une fonction C^2 sur W_n, égale à $\varphi \circ \Phi_n$ sur W''_n. Alors $\psi_n \circ Z_n$ est une semi-martingale réelle, donc $\varphi \circ \Phi_n \circ Z_n = \psi_n \circ Z_n$ sur $X^{-1}(V''_n)$, est la restriction à $X^{-1}(V''_n)$ d'une semi-martingale ; $X^{-1}(V''_n)$ est ouvert optionnel puisque X est adaptée continue donc optionnelle, on peut donc appliquer (2.4) : $\varphi \circ X$ est une semi-martingale réelle, donc X une semi-martingale à valeurs dans V.

Relèvement d'une semi-martingale dans un revêtement.

Proposition (2.6) - Théorème I :

1) Soit X un processus continu sur $\overline{\mathbb{R}}_+ \times \Omega$, à valeurs dans une variété V, et soit f une immersion C^2 de V dans une variété W. Supposons que $f \circ X$ soit une semi-martingale à valeurs dans W, et que X_0 soit $\mathcal{C}_0$-mesurable. Alors X est une semi-martingale à valeurs dans V.

2) <u>Soient</u> V <u>une variété</u>, $\tilde{V}$ <u>un revêtement de</u> V, X <u>une semi-martingale continue à valeurs dans</u> V. <u>Comme</u> $\overline{\mathbb{R}}_+$ <u>est un segment, chaque trajectoire</u> $X(\omega)$ <u>admet un relèvement unique en un chemin dans</u> $\tilde{V}$, <u>dès lors que l'on fixe le relèvement</u> $\tilde{X}_o(\omega)$ <u>de</u> $X_o(\omega)$. <u>Supposons choisi le relèvement</u> $\tilde{X}_o$ $\mathcal{T}_o$<u>-mesurable</u>. <u>Alors</u> $\tilde{X}$ <u>est une semi-martingale à valeurs dans</u> $\tilde{V}$.

<u>Démonstration</u> : 1) Appelons $C(V)$ (resp. $C(W)$) l'espace des chemins continus $[0,+\infty] \to V$ (resp. W). Munissons-le de la topologie de la convergence compacte-ouverte, où un système générateur de l'ensemble des ouverts est formé des ensembles : (K,U), ensemble des chemins qui, sur le compact K de $\overline{\mathbb{R}}_+$, ont leur image dans l'ouvert U de V (resp. W). On sait qu'il est susceptible d'une structure uniforme ; si l'on met sur V (resp. W) une structure uniforme compatible avec sa topologie, c'est la topologie de la convergence uniforme. Plongeons proprement V dans un espace vectoriel E, ce qui lui donne une structure uniforme ; alors $C(V)$ devient un sous-espace vectoriel fermé de l'espace polonais $C(E)$; donc $C(V)$ et $C(W)$ sont polonais. L'application $\theta : x \mapsto (x_o, f \circ x)$ de $C(V)$ dans $V \times C(W)$ est continue, et injective ; en effet, l'ensemble des $t \in \overline{\mathbb{R}}_+$ pour lesquels deux chemins x, y, dans V, ayant même image dans W, coïncident, est fermé, mais aussi ouvert du fait que f est une immersion. (Rappelons que f est une immersion si tout $v \in V$ admet un voisinage ouvert V' tel que f soit un C^2-difféomorphisme de V' sur une sous-variété $f(V')$ de W) ; s'il contient 0, c'est $\overline{\mathbb{R}}_+$ tout entier, d'où l'injectivité de θ. Donc l'image $\theta(C(V))$ est un sous-espace lusinien de $V \times C(W)$, et l'application réciproque θ^{-1}, de $\theta(C(V))$ dans $C(V)$, est borélienne (en fait, elle est même continue, mais nous n'en aurons pas besoin)[(6)]. Restreignons tous les chemins à l'intervalle $[0,t]$ au lieu de $[0,+\infty]$, tout en gardant les mêmes notations pour C et θ. Alors l'application $X_t : \omega \mapsto X(t,\omega)$ de Ω dans V est la composée des applications suivantes :

$\omega \mapsto (X_o(\omega)\ ,\ f\circ X(\omega))$ de Ω dans $\theta(C(V))$,

θ^{-1} de $\theta(C(V))$ dans $C(V)$ borélienne,

$x \to x(t)$ de $C(V)$ dans V, continue.

Si donc nous montrons que la première application est $\mathcal{C}_t$-mesurable, nous aurons montré que X_t est $\mathcal{C}_t$-mesurable, donc que X est adaptée. Or $X_o : \omega \mapsto X_o(\omega)$ est $\mathcal{C}_o$-mesurable donc $\mathcal{C}_t$-mesurable ; et $\omega \mapsto (f\circ X)(\omega)$, c-à-d. $f\circ X$ est, par hypothèse, une semi-martingale, donc adaptée, de sorte que, si l'on munit $C(W)$ de la topologie séparée, moins fine, de la convergence simple sur $\mathbb{Q}_+ \cap [0,t]$, elle est $\mathcal{C}_t$-mesurable, donc elle l'est aussi pour la topologie donnée de $C(W)$ qui est polonaise. Donc X_t est bien $\mathcal{C}_t$-mesurable.

Nous savons donc maintenant que X est un processus continu adapté à valeurs dans V. Pour montrer qu'il est une semi-martingale, nous pouvons donc appliquer le lemme (2.5). On peut recouvrir V d'ouverts V'_n, tels que $f_n = f$ soit un C^2-difféomorphisme de V'_n sur la sous-variété $W'_n = f_n(V'_n)$ de $W_n = W$; et $f\circ X$ est, par hypothèse, une semi-martingale dont $f_n \circ X$ est la restriction à $X^{-1}(V'_n)$, ce qui prouve 1).

2) La projection de $\tilde{V}$ sur V est une immersion, c.q.f.d.

****

§ 3. LOCALISATION DES PROCESSUS ATTACHES A UNE SEMI-MARTINGALE VECTORIELLE ; EQUIVALENCES DE SEMI-MARTINGALES VECTORIELLES.

Dans ce §, X sera une semi-martingale à valeurs dans un espace vectoriel E. Les processus qu'on lui attache sont ceux qui ont été décrits au début du § 1 : les composantes X^d purement discontinue et X^c martingale locale continue nulle au temps 0, $[X,X]$ à variation finie, et sa composante continue nulle en 0 : $\langle X^c, X^c \rangle$ (à valeurs dans $E \otimes E$); et les intégrales stochastiques $H \cdot X$ pour H processus prévisible localement borné (si H est à valeurs dans un espace vectoriel F, $H \cdot X$ est à valeurs dans $F \otimes E$). (En fait, dans tout ce paragraphe, on se ramène immédiatement au cas scalaire en prenant des coordonnées, de sorte qu'on pourra supposer tous les processus à valeurs réelles. Alors $[X,X]$ et $\langle X^c, X^c \rangle$ seront croissants ≥ 0.)

Il est tout-à-fait évident que les localisations du type du § 2 ne donnent aucun résultat. Soit par exemple X le processus égal, dans l'intervalle stochastique $[0,1[$, à une martingale continue M nulle en 0, et, sur $[1,+\infty]$, à une autre martingale continue N nulle en 0 (toutes deux définies sur $\overline{\mathbb{R}}_+ \times \Omega$). Il peut s'écrire $X^d + X^c$, où X^c est le processus égal à M dans $[0,1[$ et à $N + M_1 - N_1$ dans $[1,+\infty]$ (c'est bien une martingale continue sur $[0,+\infty]$, nulle en 0), et où X^d est le processus égal à 0 sur $[0,1[$ et à $N_1 - M_1$ sur $[1,+\infty]$ (c'est un processus à variation finie adapté cadlag), ce qui prouve bien que X est une semi-martingale (cela résulterait aussi de ce qu'elle est un raccordement de deux semi-martingales, (2.2)). Alors X et N coïncident sur $[1,+\infty]$ ou $]1,+\infty]$, $[1,+\infty[$, $]1,+\infty[$, cependant $X^c = N + M_1 - N_1$ et $N^c = N$ n'y coïncident pas, elles y diffèrent d'un processus constant. On ne peut pas localiser l'égalité, mais seulement l'égalité modulo les processus localement constants (localement, au sens topologique usuel sur $\overline{\mathbb{R}}_+$).

D'autre part, on ne pourra pas passer du local au global pour des ensembles semi-martingales comme dans (2.2) : le processus X précédent est, dans $[0,1[$ comme dans $[1,+\infty]$, la restriction d'une martingale locale continue, mais pas dans $[0,+\infty]$, même modulo les processus localement constants. On devra localiser dans des ouverts de $\overline{\mathbb{R}}_+ \times \Omega$. Les §§ 2 et 3 sont donc très différents : le § 2 localise l'égalité dans les ensembles semi-martingales, le § 3 l'équivalence dans des ensembles ouverts.

Définition (3.1) : Soient X une semi-martingale, à valeurs dans un espace vectoriel, A un ouvert de $\overline{\mathbb{R}}_+ \times \Omega$. On dit que X est équivalente à 0 sur A, $X \sim 0$ sur A, si, pour λ-presque tout $\omega \in \Omega$, sur tout intervalle $|a,b| \times \{\omega\} \subset A$, elle est constante (la constante dépendant de l'intervalle ; $|a,b|$ est l'intervalle ouvert, semi-ouvert ou fermé. On ne peut pas se contenter des intervalles ouverts, à cause de 0 et $+\infty$. Mais on peut prendre des intervalles, ouverts dans $\overline{\mathbb{R}}_+$.) Ou encore : si, sur toute section $A(\omega)$, elle est localement constante, localement au sens topologique sur $A(\omega)$.

Il existe un plus grand (aux ensembles évanescents près) ouvert A sur lequel X soit équivalente à 0 : pour tout ω, $A(\omega)$ est la réunion des intervalles, ouverts dans $\overline{\mathbb{R}}_+$, sur lesquels $X(\omega)$ est constante, ou encore l'ensemble des points de $\overline{\mathbb{R}}_+$ au voisinage desquels $X(\omega)$ est constante.

Lemme (3.1 bis) : Soit M un processus, localement martingale de carré intégrable. Soit A ouvert de $\overline{\mathbb{R}}_+ \times \Omega$. Si $\langle M,M\rangle$ est équivalent à 0 sur A, M aussi.

<u>Démonstration</u> : On peut se borner au cas scalaire ; car, en prenant des coordonnées, si $<M,M> \sim 0$ sur A, ses coordonnées $<M_i,M_i>$ le sont, donc, si le cas scalaire est démontré, les M_i aussi, donc M aussi. Soit donc M réelle. Par localisation, on peut la supposer martingale de carré intégrable. Alors $M^2 - <M,M>$ est une martingale, donc aussi $(M-M_{s_-})^2 - (<M,M> - <M,M>_{s_-})$, sur $[s_-,+\infty]$, s rationnel > 0 , c-à-d. sur $[s,+\infty]$, et aussi pour les temps s_-, s et les tribus $\mathcal{T}_{s_-}$, $\mathcal{T}_s$. Soit $S = \operatorname{Inf}\{t \geq s ; <M,M>_t - <M,M>_{s_-} > 0\}$; c'est un temps d'arrêt ≥ s. $<M,M>$ est constante dans $[s,S[$, mais pas nécessairement dans $[s,S]$, parce que M n'est pas supposée continue. Mais soit $S_n = \operatorname{Inf}\{t \geq s ; <M,M>_t - <M,M>_{s_-} \geq 1/n\}$. Comme début d'un ensemble prévisible relatif à $[s,+\infty]$, contenant (quand il n'est pas vide) son début, S_n est un temps d'arrêt prévisible, relatif à $[s,+\infty]$, et $\{S_n = s\}$ est $\mathcal{T}_{s_-}$-mesurable ($<M,M>$ est prévisible !)[(7)]. Donc aussi $S_n \wedge t$; et on peut écrire l'égalité des martingales pour s_- et $(S_n \wedge t)_-$, t rationnel > s :

$$0 \leq \mathbb{E}(M_{(S_n \wedge t)_-} - M_{s_-})^2 = \mathbb{E}(<M,M>_{(S_n \wedge t)_-} - <M,M>_{s_-}) \leq \frac{1}{n} .$$

Faisons tendre n vers +∞. $S_n \wedge t$ tend vers $S \wedge t$, stationnairement (i.e. $(S_n \wedge t)(\omega) = (S \wedge t)(\omega)$ pour n assez grand), si $S(\omega)$ est un point de discontinuité de $<M,M>(\omega)$, ou +∞, ou ≥ t, et pas dans les autres cas. Donc $M_{(S_n \wedge t)_-}$ tend vers une variable aléatoire Z_t, qui vaut soit $M_{S \wedge t}$ soit $M_{(S \wedge t)_-}$, mais toujours M_{t_-} là où $s \leq t \leq S$. Par Fatou, $\mathbb{E}(Z_t - M_{s_-})^2 = 0$, ou $Z_t = M_{s_-}$ ps. Par continuité à droite, à partir de t rationnel, on en déduit que $M = M_{s_-}$ ps. dans $[s,S[$. Mais la réunion des $[s,S[$ contient $A \cap]0,+\infty[$; donc $M \sim 0$ dans $A \cap]0,+\infty[$. Donc aussi dans $A \cap [0,+\infty[$ par continuité à droite. Il reste le cas +∞ à régler. Mais écrivons que $(M - M_{(+\infty)_-})^2 - (<M,M> - <M,M>_{(+\infty)_-})$ est une martingale pour les temps $(+\infty)$ et $(+\infty)_-$; l'espérance conditionnelle de $(M_{+\infty} - M_{(+\infty)_-})^2 - (<M,M>_{+\infty} - <M,M>_{(+\infty)_-})$ par rapport à $\mathcal{T}_{(+\infty)_-}$ est donc nulle ; son intégrale sur l'ensemble $\{\langle M,M\rangle_{+\infty} - \langle M,M\rangle_{(+\infty)_-} = 0\}$, $\mathcal{T}_{(+\infty)_-}$-mesurable (parce que $\langle M,M\rangle$ est prévisible !), est donc nulle, ce qui prouve que $M_{+\infty} - M_{(+\infty)_-}$ est ps. nulle sur cet ensemble. (C'est un fait bien connu : en toutes les discontinuités accessibles de M, $\langle M,M\rangle$ est aussi discontinue.) (8). Cela donne le résultat pour A tout entier, cqfd.

Remarque : La réciproque est fausse (sauf si M est continue, comme le montrera (3.2)). Soient en effet $\Omega = \Omega_1 \cup \Omega_2 \cup \Omega_3$, disjoints, chacun de mesure $\frac{1}{3}$; $\mathcal{T}_t = \{\emptyset,\Omega\}$, pour $t < +\infty$, $\mathcal{T}_{+\infty} = \mathcal{O}$; M la martingale définie par $M_t = 0$ pour $t < +\infty$, $M_\infty = +1$ sur Ω_1, 0 sur Ω_2, -1 sur Ω_3. Alors $\langle M,M\rangle_t = 0$ pour $t < +\infty$, $\langle M,M\rangle_\infty = \frac{2}{3}$; en effet, $\langle M,M\rangle$ est croissant prévisible cadlag, puisque $\langle M,M\rangle_t$ est constante pour tout t, et $M^2 - \langle M,M\rangle$ est nulle pour $t < +\infty$, égale au temps $+\infty$ à $\frac{1}{3}$ sur Ω_1, $-\frac{2}{3}$ sur Ω_2, $\frac{1}{3}$ sur Ω_3, donc est une martingale nulle au temps 0. Alors, sur l'ouvert $\overline{\mathbb{R}}_+ \times \Omega_2$, M est nulle, et $\langle M,M\rangle$ n'est pas ~ 0.

Proposition (3.2) - Théorème II : Soit X une semi-martingale sur $\overline{\mathbb{R}}_+ \times \Omega$, $A \subset \overline{\mathbb{R}}_+ \times \Omega$ ouvert. Si X est équivalent à 0 sur A, il en est de même des composantes X^d et X^c, de $[X,Y]$ pour toute semi-martingale Y, ainsi que de $\langle X^c,Y^c\rangle$. Si H est un processus prévisible localement borné, et si, sur A, H est nulle ou X équivalente à 0, l'intégrale stochastique $H \cdot X$ est équivalente à 0 sur A. Si X, Y, X', Y' sont des semi-martingales, si H, H' sont des processus prévisibles, et si, sur A, $X \sim X'$, $Y \sim Y'$, $H = H'$, alors $[X,Y] \sim [X',Y']$, $\langle X^c,Y^c\rangle \sim \langle X'^c,Y'^c\rangle$, $H \cdot X \sim H' \cdot X'$.

Démonstration : 1) Soient $s,t \in \overline{\mathbb{Q}}_+$, $s < t$. Soit $u_0 = s < u_1 < u_2 \dots < u_k = t$ une suite finie de temps entre s et t. On sait que

$\sum_{i=0}^{k-1} (X_{u_{i+1}} - X_{u_i})(Y_{u_{i+1}} - Y_{u_i})$ converge en probabilité vers $[X,Y]_t - [X,Y]_s$

lorsque, pour tout $\tau < +\infty$, $\max_{\substack{i=0,1,\dots,k-1 \\ u_i \leq \tau}} (u_{i+1} - u_i)$ tend vers 0. Or cette somme est nulle pour tout ω pour lequel X est constante dans $[s,t] \times \{\omega\}$. Donc, pour λ-presque tout ω, pour tous $s,t \in \overline{\mathbb{Q}}_+$ tels que X soit constante dans $[s,t] \times \{\omega\}$, $[X,Y]_t - [X,Y]_s = 0$. Par continuité à droite, pour λ-presque tout ω, pour tous $s,t \in \overline{\mathbb{Q}}_+$, $s < t$, pour lesquels X est constante dans $[s,t] \times \Omega$, $[X,Y]$ l'est aussi. Mais tout intervalle $|a,b| \times \{\omega\}$, où X est constante, est réunion d'une suite de tels $[s,t] \times \{\omega\}$ où X est constante, donc, pour λ-presque tout ω, pour tout $|a,b| \times \{\omega\} \subset A$, $[X,Y]$ est constante. Donc $[X,Y]$ est bien ~ 0 sur A. Il en est alors de même de sa partie continue nulle en 0, $\langle X^c, Y^c \rangle$.

2) Si $X \sim 0$ sur A, $\langle X^c, X^c \rangle$ aussi d'après 1), donc X^c d'après le lemme (3.1 bis), et par suite aussi X^d.

3) Restent à voir les propriétés de l'intégrale stochastique. Supposons d'abord $X \sim 0$ sur A. L'ensemble des parties B prévisibles pour lesquelles $1_B \bullet X \sim 0$ sur A est stable par différence, et par réunion d'une suite croissante de parties (si $B = \bigcup_n B_n$, $1_{B_n} \bullet X$ converge vers $1_B \bullet X$ en probabilité pour tout t, donc on peut en extraire une suite partielle convergeant λ-presque sûrement pour tout t rationnel) ; il contient trivialement les intervalles stochastiques $]S,T]$ et $[0,T]$, donc toute la tribu prévisible par classes monotones. Donc, pour toute H localement bornée prévisible, $H \bullet X \sim 0$ sur A.

4) Soit enfin H prévisible localement bornée nulle sur A, montrons que, pour toute semi-martingale X, $H \bullet X \sim 0$ sur A. C'est évident (intégrale de Stieltjes) si X est à variation finie ; il reste à le démontrer pour $X = M$ martingale locale. Par arrêt, on peut supposer que M est somme d'une martingale à variation intégrable, et d'une martingale de carré intégrable et que H est bornée[♦] ; c'est évident

[♦] Voir M[1], théorème 8, page 294.

pour la première, il reste à le démontrer pour la deuxième, c-à-d. en supposant M martingale de carré intégrable. Mais alors on peut appliquer le lemme (3.1 bis) à $H \bullet M$, elle aussi martingale de carré intégrable, et il reste à démontrer que $\langle H \bullet M, H \bullet M\rangle = H^2 \bullet \langle M,M\rangle \sim 0$ sur A ; ce qui est encore évident puisque c'est une intégrale de Stieltjes. La fin est évidente, par

$$[X',Y'] - [X,Y] = [X' - X,Y'] + [X,Y' - Y] \quad ,$$

$$H' \bullet X' - H \bullet X = (H' - H) \bullet X' + H \bullet (X' - X) \quad .$$

Remarques : 1) Par contre, $X' \sim X$, $Y' \sim Y$, n'entraîne pas $X'Y' \sim XY$. Même $X' \sim X$, $Y' = Y$ ne l'entraîne pas.

2) Il existe aussi des processus importants attachés aux semi-martingales spéciales ; celles-ci sont la somme, d'une manière unique, d'un processus $\dot{V}$ prévisible cadlag, nul en 0, à variation localement intégrable, d'une martingale locale M nulle en 0, et du processus constant X_o, $\mathcal{F}_o$-mesurable•. Si alors X est équivalente à 0 sur un ouvert A, il est faux que ces 3 processus le soient. Ce serait vrai si on remplaçait l'ouvert A par un intervalle stochastique $]S,T]$, ouvert (ou fermé, par continuité à droite) en S, mais fermé en T. Nous laissons au lecteur le soin de le voir ; cela résulte aisément de ce que la partie prévisible V s'obtient par le procédé de la projection prévisible duale, et de ce que $]S,T]$ est un ensemble prévisible. Mais cela devient faux pour un intervalle stochastique ouvert $]S,T[$, qui n'est plus prévisible (sauf si T est un temps d'arrêt prévisible). Soient par exemple T un temps d'arrêt purement inaccessible, et X le processus de saut $1_{t \geq T}$.

• Voir M[1], définition 31, page 310. Les semi-martingales spéciales ont été étudiées systématiquement par PELLAUMAIL [1], sous le nom de D-quasi-martingales locales.

Il est nul, donc équivalent à 0, dans l'ouvert $[0,T[$. Mais ses composantes prévisibles V et martingale locale M ne le sont pas. En effet sa composante prévisible V ne peut avoir que des discontinuités accessibles , donc elle est nécessairement continue (donc la discontinuité 1 le long du graphe de T figure complètement dans le composante martingale locale M). Mais $X \sim 0$ dans $]T,+\infty]$ (autrement dit, est arrêté en T), donc aussi V et M : V est un processus constant dans $[T,+\infty]$. Si alors il était aussi un processus constant, donc nul, dans $[0,T[$, étant continu, il serait $\equiv 0$; or il est la projection prévisible duale de X, donc croissant, avec $\mathbb{E}(V_\infty) = \mathbb{E}(X_\infty) = 1$, ce qui est contradictoire. On peut aussi dire : M serait X, mais X n'est pas une martingale locale, car $\mathbb{E}(X_\infty) = 1$, $\mathbb{E}(X_0) = 0$. Ainsi $X \sim 0$ dans l'ouvert $[0,T[$, mais V et M ne le sont pas. (Bien entendu, la décomposition $(X_0 + V) + M$ n'a aucun rapport avec la décomposition $X^d + X^c$; ici $X^d = X$, $X^c = 0$. Et la localisation redevient possible si la semi-martingale spéciale X est continue, car alors $(X_0 + V) + M$ est $X^d + X^c$; bien qu'ayant le nom de purement discontinu, X^d est alors V, processus adapté à variation finie continu.)

Ce contre-exemple nous montre autre chose. On sait qu'une martingale locale continue, à variation finie, est un processus constant. On peut le localiser comme suit : une semi-martingale équivalente sur un ouvert A à une martingale locale continue M, et aussi à un processus à variation finie W, est ~ 0 sur A ; en effet la décomposition $X^d + X^c$ se localise, donc $W + 0 \sim 0 + M$ donne $W \sim M \sim 0$ sur A. Par contre, dans l'exemple ci-dessus, M, martingale locale (discontinue sur $\overline{\mathbb{R}}_+ \times \Omega$, en fait déjà sur $[0,T]$), est continue sur $[0,T[$, et égale sur $[0,T[$ à $-V$, processus à variation finie, sans être constante sur $[0,T[$. Autrement dit M, martingale locale, continue sur $[0,T[$, n'est équivalente sur $[0,T[$ à aucune martingale locale continue.

Voici un autre contre-exemple, où c'est un temps d'arrêt

prévisible qui intervient. On reprend ce qui est dit à la remarque après la démonstration de (3.1 bis), et $X = M^2$, $V = \langle M,M\rangle$. Dans l'ouvert $\overline{\mathbb{R}}_+ \times \Omega_2$, $X = 0$, et cependant V n'est pas ~ 0.

Définition (3.3) : Soit $\mathcal{S}$ un ensemble de semi-martingales. On dit qu'une semi-martingale X est équivalente sur A à une semi-martingale de $\mathcal{S}$, s'il existe $Y \in \mathcal{S}$ telle que $X \sim Y$ ou $X - Y \sim 0$ sur A.

Par exemple : X est équivalente à une martingale locale continue, ou à un processus à variation finie, etc.

Si toute $Y \in \mathcal{S}$ est continue, X est alors continue sur A.

Proposition (3.4) - Théorème III :

1) L'intérieur d'un ensemble progressif est optionnel ;

2) le plus grand ouvert où une semi-martingale X soit ~ 0 est optionnel ;

3) il existe un plus grand (aux ensembles évanescents près) ouvert sur lequel X soit équivalente à une martingale locale continue ; c'est le plus grand ouvert où $X^d \sim 0$, et X y est équivalente à X^c ; il est optionnel.

Démonstration : 1) Soient A progressif, $\mathring{A}$ son intérieur. Soit $s \in \mathbb{Q}_+$. Soit S' le temps de sortie $\geq s$ de A ; c'est un temps d'arrêt, puisque A est progressif, c'est le temps $S(s,A)$ affecté à A et s par le lemme (2.3). Fixons d'abord un $s' < s$ si $s > 0$, $= s$ si $s = 0$. L'ensemble des $(t,\omega) \in \complement A$, $s' \leq t \leq s$, est optionnel, donc, à un ensemble évanescent près, $(\mathcal{R} \otimes \mathcal{T}_s)$-mesurable, où $\mathcal{R}$ est la tribu borélienne de $\overline{\mathbb{R}}_+$. Sa projection sur Ω est donc $\mathcal{T}_s$-analytique, donc $\mathcal{T}_s$-mesurable ; son complémentaire aussi. Si donc A''_s est l'ensemble des ω tels qu'il existe s' rationnel $< s$ si $s > 0$, $= s$ si $s = 0$, tel que, pour tout $t \in [s',s]$,

(t,ω) soit dans A, il est $\mathcal{T}_s$-mesurable ; soit $S'' = +\infty$ sur A''_s, $= s$ sur $\complement A''_s$, c'est un temps d'arrêt. Soit $S = S' \wedge S''$, qui est encore un temps d'arrêt. Alors $(s,\omega) \in \mathring{A}$ si et seulement si $S'(\omega) > s$ et $S''(\omega) = +\infty$, c-à-d. ssi $S(\omega) > s$; et le temps de sortie $\geq s$ de $\mathring{A}$ est S, temps d'arrêt. Quant à $\mathring{A}_\infty$, c'est A''_∞, il est $\mathcal{T}_\infty$-mesurable. Donc, d'après le lemme (2.3), $\mathring{A}$ est optionnel*.

2) Soit A le plus grand ouvert où $X \sim 0$. Soit $s \in \mathbb{Q}_+$. Soit $S' = \operatorname{Inf}\{t \geq s ; X_t \neq X_s\}$; c'est un temps d'arrêt puisque X est optionnelle. Soit A''_s l'ensemble des ω tels qu'il existe s rationnel, $< s$ si $s > 0$, $= s$ si $s = 0$, tel que, pour tout t rationnel $\in [s',s]$, $X(t,\omega) = X(s,\omega)$; A''_s est $\mathcal{T}_s$-mesurable puisque X est optionnel ; soit $S'' = +\infty$ sur A''_s, $= s$ sur $\complement A''_s$, c'est un temps d'arrêt, et soit $S = S' \wedge S''$. Alors $(s,\omega) \in A$ ssi $S'(\omega) > s$ et $S''(\omega) = +\infty$, c-à-d. ssi $S(\omega) > s$; et le temps de sortie $\geq s$ de A est S, temps d'arrêt. Quant à A_∞, c'est A''_∞, $\mathcal{T}_\infty$-mesurable. Donc, d'après le lemme (2.3), A est optionnel.

3) Enfin, si X est équivalente dans A à une martingale locale continue M, on aura $X^d + X^c \sim 0 + M$, donc, d'après la localisation (3.2), $X^d \sim 0$ et $M \sim X^c$ dans A. Le plus grand ouvert d'équivalence à une martingale locale continue est donc le plus grand ouvert d'équivalence à 0 de X^d, il est optionnel.

Corollaire (3.5) : Soient X une semi-martingale, A un ouvert de $\overline{\mathbb{R}}_+ \times \Omega$.

1) Si $A = \bigcup_n A_n$, A_n ouverts, et si X est, sur chaque A_n, équivalente à 0 (resp. à une martingale locale continue), elle l'est aussi sur A.

2) Soit $(T_n)_{n\in\mathbb{N}}$ une suite croissante de temps d'arrêt, tendant stationnairement vers $+\infty$. Si chaque semi-martingale arrêtée X^{T_n} est, sur A, équivalente à 0 (resp. à une martingale locale continue), X l'est aussi.

---

* Ceci est aussi démontré par DELLACHERIE [1], théorème 2, page 126.

Démonstration : 1) Les A_n sont contenus dans le plus grand ouvert d'équivalence, donc A aussi par (3.4).

2) Appelons A_n l'ensemble suivant :

$$A_n(\omega) = A(\omega) \cap [0,T_n(\omega)[\quad \text{si} \quad T_n(\omega) < +\infty \quad ,$$
$$A_n(\omega) = A(\omega) \quad \text{si} \quad T_n(\omega) = +\infty \quad .$$

Alors $(A_n)_{n\in\mathbb{N}}$ est une suite croissante d'ouverts, de réunion A. Ensuite $X^{T_n} = X$ sur A_n ; alors X sera équivalent à 0 ou à une martingale locale continue, sur A_n, donc sur A par 1).

Impossibilité de la localisation des martingales locales (non nécessairement continues).

Contre-exemple (3.6) : Il existe une semi-martingale X à valeurs réelles, n'ayant pas de plus grand ouvert d'équivalence à une martingale locale (non continue).

On prendra un processus à deux temps, 0 et $+\infty$, $\mathcal{T}_0 = \{\emptyset,\Omega\}$, $\mathcal{T}_{+\infty} = \mathcal{O}$ (dire qu'il y a deux temps, revient à dire que $\mathcal{T}_t = \mathcal{T}_0$, $X_t = X_0$ pour $t < +\infty$). Ω sera réduit à deux points, α, β, muni de sa tribu discrète $\mathcal{O}$, et λ sera, par exemple, $\frac{1}{2}\,\delta_{(\alpha)} + \frac{1}{2}\,\delta_{(\beta)}$. $A(\alpha)$ sera l'ouvert $\{0,+\infty\} \times \{\alpha\}$, $A(\beta)$ l'ouvert $\{0,+\infty\} \times \{\beta\}$; ils ne sont pas optionnels, car $A_0(\alpha) = \{\alpha\} \notin \mathcal{T}_0$, $A_0(\beta) \notin \mathcal{T}_0$. Nous prendrons X réel, $X_0 \equiv 0$, $X_{+\infty} \equiv 1$. C'est une semi-martingale. Dans $A(\alpha)$, X est équivalente à la martingale X_α, $X_{\alpha,0} \equiv 0$, $X_{\alpha,+\infty} = +1$ en α, -1 en β ; de même X est équivalente sur $A(\beta)$ à la martingale X_β, $X_{\beta,0} \equiv 0$, $X_{\beta,+\infty} = -1$ en α, $+1$ en β. Mais $A(\alpha) \cup A(\beta) = \{0,+\infty\} \times \Omega$, où X n'est pas équivalente (i.e. égale) à une martingale locale ; en effet, si T_n est un temps d'arrêt qui la réduirait en martingale, $\{T_n = 0\} \in \mathcal{T}_0$ donc $= \emptyset$ ou Ω ; comme T_n devrait tendre vers $+\infty$ pour $n \to +\infty$, nécessairement $T_n \equiv +\infty$ pour n assez grand ; donc X devrait être une martingale, or $\mathbb{E}(X_{+\infty}) = 1$, $\mathbb{E}(X_0) = 0$, contradiction.

(3.7) Localisation des processus, et intégrales stochastiques optionnelles.

Certaines des propriétés ultérieures seront d'une grande complication si la semi-martingale X est quelconque ; X sera souvent supposée continue. Alors $X^d + X^c = V + M$, V adapté continu à variation finie, M martingale locale continue nulle en 0. Si alors H est une fonction prévisible localement bornée, portée par un ensemble B prévisible à coupes dénombrables (pour λ-presque tout ω, $B(\omega)$ est dénombrable), $H \bullet X = 0$; en effet, $H \bullet V = 0$, et $\langle H \bullet M, H \bullet M \rangle = H^2 \bullet \langle M, M \rangle = 0$, donc $H \bullet M = 0$, donc $H \bullet X = 0$. Soit alors H une fonction <u>optionnelle</u> localement bornée ; il existe H' prévisible localement bornée, égale à H sur le complémentaire d'un ensemble optionnel à coupes dénombrables[9] ; $H' \bullet X$ est indépendant du choix de H', car la différence entre deux tels choix est une fonction portée par un ensemble prévisible à coupes dénombrables. On appellera cette valeur commune l'intégrale stochastique optionnelle $H \bullet X$; elle possède toutes les propriétés familières de l'intégrale stochastique prévisible, et (3.2) subsiste.
Un ensemble optionnel A de $\overline{\mathbb{R}}_+ \times \Omega$ est dit dX-négligeable si $1_A \bullet X = 0$ (avec la définition $\int_{]0,t]}$ prise pour l'intégrale stochastique, $\{0\} \times \Omega$ est toujours négligeable ; c'est bien ce qui nous conviendra) ; alors, pour toute fonction optionnelle localement bornée H portée par A, $H \bullet X = 0$, car elle vaut $H \circ (1_A \circ X) = 0$. Un ensemble A arbitraire est dit dX-négligeable s'il est contenu dans un ensemble optionnel négligeable. A optionnel est dX-négligeable si et seulement s'il est dV- et dM-négligeable ; car la décomposition de $1_A \bullet X$ est

$(1_A \bullet X)^d + (1_A \bullet X)^c = (1_A \bullet V) + (1_A \bullet M)$. Ensuite A optionnel est dM-négligeable si et seulement s'il est d$\langle M,M\rangle$-négligeable ; car $\langle 1_A \bullet M, 1_A \bullet M\rangle = 1_A \bullet \langle M,M\rangle$.

Proposition (3.7) : Soit X une semi-martingale continue. Soit A un ouvert de $\overline{\mathbb{R}}_+ \times \Omega$. X est ~ 0 sur A si et seulement si A est dX-négligeable (i.e., si A est optionnel, si et seulement si $1_A \bullet X = 0$).

Démonstration : Soit A dX-négligeable ; il est contenu dans un ensemble A' optionnel dX-négligeable, c-à-d. tel que $1_{A'} \bullet X = 0$; mais, d'après la localisation de l'intégrale stochastique (3.2), $1_{A'} \bullet X \sim 1 \bullet X = X - X_0$ sur A', donc $X \sim 0$ sur A' donc sur A.

Inversement, soit A un ouvert sur lequel $X \sim 0$. Il est contenu dans le plus grand ouvert A' ayant cette propriété ; si nous montrons que celui-ci est dX-négligeable, A le sera aussi ; comme A' est optionnel, on est ramené au cas où A est optionnel. Or, sur cet ouvert, $V \sim 0$ et $M \sim 0$, $\langle M,M\rangle \sim 0$, et le calcul de l'intégrale stochastique par intégrales de Stieltjes montre alors que A est dV et d$\langle M,M\rangle$-négligeable, donc dX-négligeable.

Corollaire (3.8) : Soit $\mathcal{S}$ un ensemble de semi-martingales continues tel que, pour tout ensemble ouvert optionnel A, $1_A \bullet \mathcal{S} \subset \mathcal{S}$. Alors une semi-martingale X est équivalente sur A ouvert optionnel à un élément de $\mathcal{S}$, ssi $1_A \bullet X \in \mathcal{S}$.
C'est le cas si $\mathcal{S}$ est l'ensemble des martingales locales continues.

Démonstration : Supposons que $1_A \bullet X \in \mathcal{S}$. Alors, sur A, $X \sim 1 \bullet X \sim 1_A \bullet X$ d'après (3.2), donc X est équivalente à $1_A \bullet X \in \mathcal{S}$. Inversement, supposons X équivalente sur A à $Y \in \mathcal{S}$. Alors, $1_A \bullet X = 1_A \bullet Y$ d'après (3.7), et $1_A \bullet Y \in \mathcal{S}$.

Localisation des processus croissants.

On dit qu'un processus X réel est croissant par morceaux sur A ouvert de $\overline{\mathbb{R}}_+ \times \Omega$, si, pour λ-presque tout ω, pour tout $]a,b[\subset A(\omega)$, $X_b(\omega) \geq X_a(\omega)$, ou si, sur tout $]a,b[\subset A(\omega)$, $X(\omega)$ est croissant.

Proposition (3.9) : Il existe un plus grand ouvert sur lequel une semi-martingale X soit croissante par morceaux, et il est optionnel.

Démonstration : Soit A le plus grand ouvert sur lequel X soit croissante par morceaux ($A(\omega)$ est l'ensemble des t au voisinage desquels $X(\omega)$ est croissante). Soit $s \in \mathbb{Q}_+$. Soit $S' = \operatorname{Inf}\{t \geq s \,;\, X_t < X_s\}$; c'est un temps d'arrêt. Soit A''_s l'ensemble des ω tels qu'il existe s' rationnel, $<$ s si $s > 0$, $=$ s si $s = 0$, tel que, pour tout t rationnel $\in [s', s]$, $X(t,\omega) \leq X(s,\omega)$; A''_s est $\mathcal{T}_s$-mesurable ; soit $S'' = +\infty$ sur A''_s, $= s$ sur $\complement A''_s$, c'est un temps d'arrêt. Soit $S = S' \wedge S''$. Alors $(s,\omega) \in A$ ssi $S'(\omega) > s$ et $S''(\omega) = +\infty$, c-à-d. ssi $S(\omega) > s$; et le temps de sortie $\geq s$ de A est S, temps d'arrêt. Quant à A_∞, c'est A''_∞, $\mathcal{T}_\infty$-mesurable. Donc, d'après le lemme (2.3), A est optionnel.

Proposition (3.10) : Soient X une semi-martingale réelle continue, A un ouvert de $\overline{\mathbb{R}}_+ \times \Omega$. Les propriétés suivantes sont équivalentes :

1) X est croissante par morceaux sur A ;

2) X est équivalente sur A à un processus adapté cadlag croissant ;

2') X est équivalente sur A à un processus adapté croissant continu ;

Si en outre A est optionnel, elles sont équivalentes à :

3) $1_A \bullet X$ est croissant continu ≥ 0, nul en 0.

Démonstration : Trivialement 2') ⇒ 2), et 2) ⇒ 1).
Supposons A optionnel. Si 2), et $X \sim C$ (adapté cadlag croissant) sur A, soit dC' la mesure ≥ 0, égale à dC sur A, mais portée par $A \cap]0,+\infty]$: $C' = 1_A \bullet C$ (intégrale de Stieltjes). Elle ne peut avoir de masses que sur A, et elle n'en a pas puisque $X \sim C$ et est continue ; donc C' est

croissante continue ≥ 0 nulle en 0 et $\sim C$ sur A. Alors encore $X \sim C'$ sur A, et (3.7) dit que $1_A \bullet X = 1_A \bullet C'$ (X et C' continues, A optionnel !), c'est 3). Si 3), $X \sim 1_A \bullet X$ sur A, donc 2'). Donc, pour A optionnel, 2) $\Leftrightarrow$ 2') $\Leftrightarrow$ 3) $\Rightarrow$ 1).

Il reste à montrer l'implication 1) $\Rightarrow$ 2'). Mais A est contenu dans le plus grand ouvert de croissance par morceaux de X, optionnel par (3.9). Il suffit donc, pour A optionnel, de démontrer l'implication 1) $\Rightarrow$ 3).

L'ensemble des ouverts B pour lesquels $1_B \bullet X$ est croissante continue est stable par réunions finies (si $1_{B_2} \bullet X$ et $1_{B_2} \bullet X$ sont croissants continus, $1_{B_1 \cup B_2} \bullet X = 1_{B_1 \cap \complement B_2} \bullet X + 1_{B_2} \bullet X = 1_{\complement B_2} \bullet (1_{B_1} \bullet X) + 1_{B_2} \bullet X$ est croissant continu) et par réunion des suites croissantes (si $A = \bigcup_n A_n$, la suite A_n étant croissante, $(1_{A_n} \bullet X)_t$ converge vers $(1_A \bullet X)_t$ dans L^0 pour tout t) donc par réunions dénombrables. Or A est la réunion des $|s,S|$ du lemme (2.3). Si donc nous savons que, pour tout $s \in \mathbb{Q}$, $1_{|s,S|} \bullet X$ est croissant, ce sera vrai pour A ; or c'est évident, par son expression explicite, dès lors que X est localement croissante sur A.

<u>Remarque</u> : Si X n'est pas continue, 2) $\Rightarrow$ 1) est toujours trivialement vraie ; mais 1) $\Rightarrow$ 2) ? Je n'en sais rien, et c'est gênant pour les applications ; voir par exemple proposition (5.8), où l'on doit supposer la continuité de X partout, sans savoir si c'est nécessaire.

<u>Proposition (3.11)</u> : <u>Soient</u> X <u>une semi-martingale réelle</u>, <u>et</u> A <u>un ouvert de</u> $\overline{\mathbb{R}}_+ \times \Omega$.

1) <u>Pour que</u> X <u>soit équivalente sur</u> A <u>à une sous-martingale locale continue, il faut et il suffit que</u> X^d <u>soit équivalente sur</u> A <u>à un processus croissant adapté continu</u>.

2) <u>Si</u> X <u>est continue</u>, <u>il existe un plus grand ouvert d'équiva-</u>

<u>lence de</u> X <u>à une sous-martingale locale continue</u>, <u>et il est optionnel</u>. <u>On en déduit les mêmes conséquences qu'à (3.5)</u>.

3) <u>Si</u> X <u>est continue et</u> A <u>optionnel</u>, X <u>est équivalente sur</u> A <u>à une sous-martingale locale continue ssi</u> $1_A \cdot X$ <u>est une sous-martingale locale continue</u>.

<u>Démonstration</u> : 1) Une sous-martingale locale continue est de la forme C+M, où C est croissant continu adapté, et M martingale locale continue♦. Alors $X^d + X^c \sim C + M$ donne, par (3.2), $X^d \sim C$ et $X^c \sim M$.

2) pour X continue, se déduit de (3.10) et (3.9).

3) résulte de (3.8).

*
* *
*

♦ C'est ce qu'on appelle la décomposition de Doob. Voir exemple [M]1, 4 bis, page 293.

§ 4. MARTINGALES CONFORMES A VALEURS VECTORIELLES ET LEURS LOCALISATIONS.

Dans ce §, on abrègera martingale locale continue, par martingale. Tous les espaces vectoriels considérés seront des $\mathbb{C}$-espaces vectoriels. Si E et F sont de tels espaces vectoriels, $E \otimes_{\mathbb{C}} F$ est un $\mathbb{R}$-quotient de $E \otimes_{\mathbb{R}} F$, par un $\mathbb{R}$-sous-espace vectoriel de codimension 2. (Si E et F ont les dimensions m et n complexes, donc 2m et 2n réelles, $E \otimes_{\mathbb{R}} F$ a la dimension réelle 4mn, et $E \otimes_{\mathbb{C}} F$ la dimension complexe mn, donc réelle 2mn. $E \otimes_{\mathbb{C}} F$ s'obtient en identifiant à 0 les combinaisons $\mathbb{R}$-linéaires des vecteurs $(ie) \otimes f - e \otimes (if)$ de $E \otimes_{\mathbb{R}} F$). Alors, au lieu de considérer les XY, $[X,Y]$ et $\langle M,N \rangle$ antérieurs, à valeurs dans $E \otimes_{\mathbb{R}} F$, nous considèrerons leurs images dans $E \otimes_{\mathbb{C}} F$, en les notant toujours XY, $[X,Y]$, $\langle M,N \rangle$. En coordonnées complexes (i.e. par rapport à des bases complexes de E et F), leurs expressions seront les mêmes que les produits réels en bases réelles : $X_i Y_j$, $[X_i, Y_j]$, $\langle M_i, N_j \rangle$. Bien entendu ici $[X,X]$ n'a plus aucune positivité, c'est $[X,\overline{X}]$ qui l'a. Par exemple, si $E = \mathbb{C}$, $[X,X]$ est à valeurs dans $\mathbb{C}$, à variation finie, et c'est $[U,U] - [V,V] + 2i[U,V]$ si $X = U + iV$, alors que $[X,\overline{X}]$ est croissante, c'est $[U,U] + [V,V]$. D'autres auteurs agissent autrement, et définissent $[X,Y]$, $\langle M,N \rangle$ de manière qu'ils soient sesquilinéaires en X, Y, autrement dit appellent $[X,Y]$, $\langle M,N \rangle$ ce que nous appelons ici $[X,\overline{Y}]$, $\langle M,\overline{N} \rangle$; ceci pour faciliter l'orthogonalité. Mais ce que l'on gagne à un endroit est perdu ailleurs ; nous voulons toujours que, si M et N sont localement des martingales de carré intégrable, ce soit $MN - \langle M,N \rangle$ (MN, lui, ne peut pas être changé !) qui soit une martingale, alors qu'avec l'autre notation c'est $MN - \langle M,\overline{N} \rangle$ qui est une martingale. On dit alors que M est une martingale conforme* (abréviation de martingale locale continue conforme), si M et M^2 sont des martingales (i.e. en coordonnées complexes, si les M_i et les $M_i M_j$ sont des martingales). M est une martingale conforme ssi $M - M_o$ l'est, car $(M - M_o)^2 = M^2 - MM_o - M_o M + M_o^2$.

Dans le cas $E = \mathbb{C}$ ci-dessus, cela veut dire que U, V, $U^2 - V^2$, UV sont des martingales. Comme $M^2 - \langle M,M\rangle$ est une martingale, M est une martingale conforme si et seulement si elle est une martingale et $\langle M,M\rangle$ un processus constant (dans le cas $E = \mathbb{C}$, si U et V sont des martingales, $\langle U,U\rangle - \langle V,V\rangle$ et $\langle U,V\rangle$ des processus constants). Soit X une semi-martingale à valeurs dans E, $\overline{X(\omega)(\overline{\mathbb{R}}_+(\omega))} \subset U$ pour tout ω, ouvert de E, et soit f une application holomorphe sur U à valeurs dans un espace vectoriel F. On a toujours la formule d'Itô, mais elle peut se comprendre différemment. Comme f est holomorphe, $f'(X_{s_-})$ est une application $\mathbb{C}$-linéaire de E dans F, ici $f'(X_{s_-})dX_s$ n'est pas changé ; mais $f''(X_s)$ est une application $\mathbb{C}$-bilinéaire de $E \times E$ dans F, donc une application $\mathbb{C}$-linéaire de $E \otimes_{\mathbb{C}} E$ dans F, et on peut donc considérer $f''(X_s)\, d\langle X^c, X^c\rangle_s$ avec le nouveau sens de $\langle X^c, X^c\rangle$, à valeurs dans $E \otimes_{\mathbb{C}} E$. Si alors M est une martingale conforme, $d\langle M,M\rangle = 0$, et on a seulement

$$f \circ M_t - f \circ M_o = \int_{]0,t]} (f' \circ M_s)\, dM_s \,, \quad \text{ou } f \circ M - f \circ M_o = (f' \circ M) \bullet M.$$

Si M est une martingale conforme à valeurs dans E, et H une fonction optionnelle localement bornée à valeurs dans $\mathcal{L}_{\mathbb{C}}(E;F)$, $H \bullet M$ est une martingale conforme à valeurs dans F, car $\langle H \bullet M, H \bullet M\rangle = H^2 \bullet \langle M,M\rangle = 0$. Si donc M est une martingale conforme, $M(\overline{\mathbb{R}}_+ \times \Omega) \subset U$ ouvert de E, et si f est une fonction holomorphe de U dans un espace vectoriel F, $f \circ M$ est une martingale conforme à valeurs dans F. Il en est de même si f est antiholomorphe, en remplaçant $\mathbb{C}$-linéaire par

---

* Les martingales conformes ont été introduites et étudiées par GETOOR-SHARPE [1]. Nous redémontrerons ici les propriétés dont nous aurons besoin.

$\mathbb{C}$-antilinéaire. En particulier, nous avons vu que, si M est une martingale conforme, M^2 était une martingale ; c'est même une martingale conforme. Les martingales conformes à valeurs dans E ne forment pas un espace vectoriel. D'ailleurs, si $E = \mathbb{C}$, si M est une martingale conforme, $\overline{M}$ aussi, or $\frac{M+\overline{M}}{2} = \operatorname{Re} M$ est réelle et n'est pas une martingale conforme. M+N est une martingale conforme ssi $MN + NM$ est une martingale, car $(M+N)^2 = M^2 + N^2 + (MN + NM)$; dans le cas $E = \mathbb{C}$, cela revient à dire ssi MN est une martingale. D'ailleurs M est une martingale conforme ssi, en termes de coordonnées suivant une base de E, les M_i et les $M_i M_j$ sont des martingales (conformes), ou les M_i des martingales et les $<M_i, M_j>$ constants, ou les M_i et les $M_i + M_j$ des martingales conformes (car $<M_i + M_j, M_i + M_j> = <M_i, M_i> + <M_j, M_j> + 2<M_i, M_j>$).
On dira qu'un couple de processus, M à valeurs dans E, N à valeurs dans F, est conforme, si, considéré comme processus à valeurs dans $E \oplus F = E \times F$, c'est une martingale conforme. Cela équivaut à dire que M, N, et MN (donc NM par symétrie) sont des martingales conformes; ou que M et N sont des martingales conformes, et que $<M,N>$ est un processus constant. Si $E = F$, cela entraîne que M+N soit une martingale conforme (et c'est équivalent si $E = \mathbb{C}$). Si $E = \mathbb{C}^N$, M est une martingale conforme à valeurs dans E si et seulement si ses composantes M_i, $i = 1, 2, \ldots, N$, forment deux à deux un couple conforme. Si (M,N) est conforme, et si H, K sont des processus optionnels localement bornés, le couple $(H \bullet M, K \bullet N)$ est conforme, car $<H \bullet M, K \bullet N> = HK \bullet <M,N> = 0$. Alors, si f et g sont des applications holomorphes de E et de F dans d'autres espaces vectoriels, $(f \circ M, g \circ N)$ est un couple conforme. Plus généralement, un ensemble $\mathcal{M}$ de martingales est dit conforme si le couple de deux martingales quelconques de $\mathcal{M}$ est conforme. Alors les combinaisons linéaires d'intégrales stochastiques de fonctions optionnelles localement bornées par rapport à des martingales de $\mathcal{M}$ constituent encore un ensemble conforme, ainsi que les fonctions holomorphes d'un nombre fini quelconque de martingales de $\mathcal{M}$.

Définition (4.1) : Une semi-martingale X est dite équivalente sur un ouvert A à une martingale conforme, s'il existe M, martingale conforme, équivalente à X sur A ; c'est (3.3) avec l'ensemble $\mathcal{S}$ des martingales conformes. C'est vrai si et seulement si X^d est équivalente à 0 et X^c équivalente à une martingale conforme. Si X est continue et A optionnel, c'est vrai ssi $1_A \cdot X$ est une martingale conforme (3.8).

Proposition (4.2) - Théorème IV : Soit X une semi-martingale. Soit A un ouvert de $\overline{\mathbb{R}}_+ \times \Omega$, sur lequel X est équivalent à une martingale. Les 5 propriétés suivantes sont équivalentes :

1) X est équivalente sur A à une martingale conforme ;

2) X^2 est équivalente à une martingale ; elle est alors équivalente à une martingale conforme ;

2') $(X^c)^2$ est équivalente à une martingale ; elle alors équivalente à une martingale conforme ;

3) $[X,X] \sim 0$ sur A ;

3') $\langle X^c, X^c \rangle \sim 0$ sur A.

En termes de coordonnées suivant une base de E, cela veut dire que les $X_i X_j$ (ou les $X_i^c X_j^c$) sont équivalentes à des martingales (alors conformes), ou les $[X_i, X_j]$ (ou $\langle X_i^c, X_j^c \rangle$) équivalentes à 0, ou que les X_i et les $X_i + X_j$ sont équivalentes à des martingales conformes (car $[X_i + X_j, X_i + X_j] = [X_i, X_i] + [X_j, X_j] + 2[X_i, X_j]$). Il existe un plus grand ouvert où X soit équivalente à une martingale conforme, et il est optionnel, d'où les mêmes conclusions qu'à (3.5).

Démonstration : Elle est un peu délicate, parce que la propriété d'être équivalente à 0 sur A est bien linéaire et est une propriété d'anneau, mais pas d'idéal : si $X \sim 0$ sur A, et si Y est une semi-martingale, XY n'est pas équivalente à 0 sur A ; si X et Y sont deux semi-martingales, équivalentes sur A, X^2 et Y^2 ne sont pas équivalentes sur A. Voir remarque 1) après la démonstration de (3.2). Autrement dit, si X est équivalente à une martingale conforme M, X^2 n'est pas équivalente à M^2, mais est quand même équivalente à une martingale conforme.

I) Supposons d'abord que $X = M$ soit, sur $\overline{\mathbb{R}}_+ \times \Omega$, une martingale locale continue. Il faut montrer l'équivalence de 1), 2'), 3'). Supposons 1) : il existe une martingale conforme N telle que $M \sim N$ sur A. Soit A' le plus grand ouvert d'équivalence de M et N (3.4) ; il est optionnel et contient A. Alors $1_{A'} \cdot \langle M,M\rangle = \langle 1_{A'} \cdot M, 1_{A'} \cdot M\rangle = 0$ par définition, parce que, $1_{A'} \cdot M$ est une martingale conforme (nulle en 0) ; donc, d'après (3.7), $\langle M,M\rangle \sim 0$ sur A', donc sur A. Donc, dans ce cas, 1) ⇒ 3'). Inversement, supposons 3'). Soit A" le plus grand ouvert sur lequel $\langle M,M\rangle \sim 0$; il est optionnel (3.4) et contient A. Alors $\langle 1_{A''} \cdot M, 1_{A''} \cdot M\rangle = 1_{A''} \cdot \langle M,M\rangle = 0$ par (3.7), donc $1_{A''} \cdot M$ est une martingale conforme par définition ; donc M est équivalente sur A" à une martingale conforme, donc sur A. Donc, dans ce cas, 3') ⇒ 1). Donc 1) et 3') sont équivalentes. Mais $M^2 - \langle M,M\rangle$ est une martingale ; c'est donc la même chose de dire que 2), M^2 est équivalente sur A à une martingale, ou de dire que $\langle M,M\rangle$ est équivalente sur A à une martingale, ou, comme elle est à variation finie, d'après (3.4), que $\langle M,M\rangle^d = \langle M,M\rangle \sim 0$ sur A. Donc 2') et 3') sont équivalentes, et par suite 1),2'), 3'). Il est alors évident qu'il existe un plus grand ouvert sur lequel M soit équivalente à une martingale conforme, puisque c'est le plus grand ouvert d'équivalence à 0 de $\langle M,M\rangle$, (3.4).

II) Plaçons-nous maintenant dans le cas général. De toute façon X est supposée équivalente sur A à une martingale, qui est X^c. Donc X est équivalente sur A à une martingale conforme si et seulement si X^c l'est, ce qui est équivalent, d'après I), à : $(X^c)^2$ est équivalente sur A à une martingale, ou à : $\langle X^c,X^c\rangle \sim 0$ sur A. Il y a donc toujours équivalence de 1), 2') et 3'). En outre il existe un plus grand ouvert où X soit équivalente à une martingale conforme, qui est l'intersection du plus grand ouvert sur lequel $X^d \sim 0$ et du plus grand ouvert sur lequel X^c soit équivalente à une martingale conforme, ou $<X^c,X^c> \sim 0$, et il est optionnel par I). Puisque X est supposée équivalente sur A à une martingale, elle n'a pas de discontinuités sur A, donc $[X,X] \sim <X^c,X^c>$ sur A ; il y a donc toujours équivalence de 3) et de 3'). Ensuite la formule d'Itô donne :

$$X_t^2 = \int_{]0,t]} X_{s_-} \, dX_s + \sigma(\int_{]0,t]} X_{s_-} \, dX_s) + [X,X]_t \quad ,$$

où σ est l'opération naturelle de symétrie de $E \otimes_{\mathbb{C}} E$. (X^2 et $[X,X]$ sont des tenseurs symétriques !)

En termes de coordonnées, cela s'écrit :

$$(X_i X_j)_t = \int_{]0,t]} (X_i)_{s_-} (dX_j)_s + \int_{]0,t]} (X_j)_{s_-} (dX_i)_s + [X_i,X_j]_t \quad .$$

Puisque X est équivalente sur A à une martingale, il en est de même d'intégrales stochastiques arbitraires en dX, d'après la localisation (3.2). Donc c'est la même chose de dire que X^2 est, sur A, équivalente à une martingale, ou de dire que $[X,X]$ l'est ; ou que $[X,X]^d = [X,X] \sim 0$ (c'est un processus à variation finie !), localisation (3.2). Donc 2) et 3) sont équivalentes.

Il reste à voir que cela entraîne que X^2 et $(X^c)^2$ soient même des martingales conformes. Cela vient de ce que, en coordonnées, le couple (X_i,X_j) est équivalent à un couple conforme, donc une somme d'intégrales stochastiques en dX_i , dX_j (ou dX_i^c, dX_j^c), est équivalente à une martingale conforme (toujours par (3.2)). Cette propriété du produit ($u \mapsto u^2$ est holomorphe de E dans $E \otimes E$) admet une généralisation très importante :

Proposition (4.3) - Théorème V : Soit X une semi-martingale à valeurs dans un espace vectoriel E, A un ouvert de $\overline{\mathbb{R}}_+ \times \Omega$, Φ une application C^2 de E dans un espace vectoriel F, holomorphe dans un ouvert U de E. Supposons que $X(A) \subset U$, et que X soit, sur A, équivalent à une martingale conforme. Alors $\Phi(X)$ est aussi équivalente sur A à une martingale conforme.

Même résultat pour Φ antiholomorphe.

Démonstration : Appliquons à $\Phi \circ X$ la formule d'Itô. Nous l'écrivons pour une application Φ de classe C^2, en utilisant cependant les structures complexes de E et de F. Toute application $\mathbb{R}$-linéaire u de E dans F est somme, d'une manière unique, d'une application $\mathbb{C}$-linéaire de E dans F et d'une application $\mathbb{C}$-antilinéaire de E dans F, ou $\mathbb{C}$-linéaire de $\overline{E}$ dans F ($\overline{E}$ antiespace de E).

On a en effet $u(e) = \frac{1}{2}(u(e) - iu(ie)) + \frac{1}{2}(u(e) + iu(ie))$, et c'est la décomposition cherchée. La dérivée première de Φ définit donc, en un point x, une dérivée $D\Phi(x) \in \mathcal{L}_{\mathbb{C}}(E;F)$ et une dérivée $\overline{D}\Phi(x) \in \mathcal{L}_{\mathbb{C}}(\overline{E};F)$; si $h \in E$, la valeur de la dérivée première sur h est $D\Phi(x)h + \overline{D}\Phi(x)\overline{h} \in F$. Par rapport à une $\mathbb{C}$-base de E, où les composantes de h sont les h_i, cela devient $\sum_i \left(\frac{\partial \Phi}{\partial z_i}(x)\, h_i + \frac{\partial \Phi}{\partial \overline{z}_i}\, \overline{h}_i\right)$. On a donc aussi des dérivées secondes :

$$D^2\Phi(x) \in \mathcal{L}_{\mathbb{C}}(E \otimes_{\mathbb{C}} E;F) \quad , \quad D\overline{D}\Phi(x) \in \mathcal{L}_{\mathbb{C}}(E \otimes_{\mathbb{C}} \overline{E};F) \quad ,$$

$$\overline{D}D\Phi(x) \in \mathcal{L}_{\mathbb{C}}(\overline{E} \otimes_{\mathbb{C}} E;F) \quad , \quad \overline{D}^2\Phi(x) \in \mathcal{L}_{\mathbb{C}}(\overline{E} \otimes_{\mathbb{C}} \overline{E};F) \quad .$$

La formule d'Itô s'écrit alors :

$$\Phi(X_t) - \Phi(X_o) =$$

$$(4.4)\quad \begin{aligned} &\int_{]0,t]} D\Phi(X_{s_-})dX_s + \int_{]0,t]} \overline{D}\Phi(X_{s_-})d\overline{X}_s \\ &+ \sum_{0<s\leq t} (\Phi(X_s) - \Phi(X_{s_-}) - D\Phi(X_{s^-})\Delta X_s - \overline{D}\Phi(X_{s^-})\Delta\overline{X}_s) \\ &+ \frac{1}{2}\int_{]0,t]} D^2\Phi(X_s)\, d<X^c,X^c>_s + \int_{]0,t]} D\overline{D}\Phi(X_s)\, d<X^c,\overline{X}^c>_s \\ &+ \frac{1}{2}\int_{]0,t]} \overline{D}^2\Phi(X_s)\, d<\overline{X}^c,\overline{X}^c>_s \quad , \end{aligned}$$

$< , >$ étant toujours le crochet complexe, à valeurs dans le produit tensoriel $\otimes_{\mathbb{C}}$.

Mais nous voulons considérer $\Phi \circ X$ sur A à une équivalence près ; on peut donc, dans chaque intégrale stochastique, d'après (3.2), remplacer la fonction à intégrer par une fonction qui lui est égale sur A, et la semi-martingale par rappport à laquelle on intègre par une semi-martingale qui lui est équivalente sur A. D'abord la fonction de sauts est ~ 0 sur A. Ensuite toutes les $\overline{D}\Phi(X_{s_-})$, $D\overline{D}\Phi(X_s)$, $\overline{D}^2\Phi(X_s)$ sont nulles sur A puisque Φ est holomorphe sur U et $X(A)\subset U$, on peut donc supprimer les intégrales correspondantes ; ensuite, $<X^c,X^c>\sim 0$ sur A ; par (3.2), on peut encore supprimer l'intégrale correspondante ; et enfin, sur A, $X\sim M$ martingale conforme, on peut donc écrire, sur A :

$$\Phi(X_t) \sim \int_{]0,t]} D\Phi(X_{s_-})dM_s \quad , \quad \Phi\circ X \sim (D\Phi\circ X)\cdot M \quad ,$$

intégrale stochastique par rapport à M, donc martingale conforme, cqfd.

Semi-martingales conformes.

Définition (4.5) : On dit qu'une semi-martingale X est une semi-martingale conforme, si sa composante martingale X^c est une martingale conforme.

Pour cela il faut et il suffit que $(X^c)^2$ soit une martingale (auquel cas elle sera une martingale conforme), ou que $<X^c,X^c>$ soit nul, ou, en termes de coordonnées suivant une base de E, que les $X_i^c X_j^c$ soient des martingales (alors conformes), ou que les $<X_i^c,X_j^c>$ soient nuls, ou que les X_i^c et $X_i^c + X_j^c$ soient des martingales conformes ; donc que les X_i et $X_i + X_j$ soient des semi-martingales conformes. Dans ce cas, toute intégrale stochastique $H \bullet X$ (X à valeurs dans E, H à valeurs dans $\mathcal{L}_{\mathbb{C}}(E;F)$, prévisible (ou optionnelle si X est continue) localement bornée), est une semi-martingale conforme à valeurs dans F ; et toute fonction holomorphe (ou antiholomorphe) de X à valeurs dans F est une semi-martingale conforme (en effet, la composante $(\Phi \circ X)^c$ est $(\Phi' \circ X) \bullet X^c$, et $\Phi'(x) \in \mathcal{L}_{\mathbb{C}}(E;F)$ ou $\mathcal{L}_{\mathbb{C}}(\overline{E};F)$). On a l'équivalent de (4.2) :

<u>Proposition (4.6)</u> : X <u>est équivalente sur</u> A <u>à une semi-martingale conforme ssi</u> $(X^c)^2$ <u>est équivalente à une martingale</u> (<u>alors conforme</u>), <u>ou ssi</u> $<X^c,X^c> \sim 0$. <u>Dans ce cas</u>, X^2 <u>est équivalente à une semi-martingale conforme</u>. <u>En termes de coordonnées</u>, <u>ssi les</u> $X_i^c X_j^c$ <u>sont équivalentes à des martingales</u> (<u>alors conformes</u>), <u>ou les</u> $<X_i^c,X_j^c>$ <u>équivalentes à</u> 0, <u>ou les</u> X_i <u>et</u> $X_i + X_j$ <u>à des semi-martingales conformes</u>. <u>Il existe un plus grand ouvert d'équivalence de</u> X <u>à une semi-martingale conforme</u>, <u>et il est optionnel</u>. <u>On a l'équivalent de</u> (4.3), <u>en remplaçant martingale conforme par semi-martingale conforme</u>. <u>Si</u> X <u>est continue et</u> A <u>optionnel</u>, X <u>est équivalente à une semi-martingale conforme continue</u>, <u>ssi</u> $1_A \bullet X$ <u>est une semi-martingale conforme continue</u>.

<u>Démonstration</u> : Tout est évident. Pour l'analogue de (4.3), dans la formule d'Itô, la composante martingale locale continue est toujours plus simple, $(\Phi \circ X)^c = (\Phi' \circ X) \bullet X^c$, équivalente sur A à $(D\Phi \circ X) \bullet Y^c$, si Φ est holomorphe et $X \sim Y$ semi-martingale conforme.

***

§ 5. MARTINGALES ET SEMI-MARTINGALES CONFORMES A VALEURS DANS DES VARIETES ANALYTIQUES COMPLEXES.

Dès lors qu'une image C^2 d'une semi-martingale en est encore une, il devenait intuitif qu'on pouvait définir une semi-martingale à valeurs dans une variété C^2. Or une image holomorphe d'une martingale ou semi-martingale conforme en est encore une ; on sent donc qu'on doit pouvoir définir une martingale ou semi-martingale conforme à valeurs dans une variété analytique complexe. Mais il y a ici une difficulté : il n'y a pas assez de fonctions holomorphes sur une variété analytique complexe ; sur une variété compacte, il n'y a que les constantes, et seule une variété de Stein [(10)] est plongeable proprement dans un $\mathbb{C}$-espace vectoriel. Il faudra donc des définitions locales, grâce à des fonctions holomorphes locales.

Dans tout ce paragraphe, espace vectoriel voudra dire $\mathbb{C}$-espace vectoriel, variété voudra dire variété $\mathbb{C}$-analytique sans bord, plongement et immersion voudront dire plongement et immersion $\mathbb{C}$-analytiques. Martingale voudra dire : martingale locale continue. Bien qu'on puisse travailler partout sans hypothèse de continuité, c'est très lourd ; c'est pourquoi nous ferons toujours l'hypothèse suivante, sans la répéter : X sera toujours une semi-martingale à valeurs dans V, continue sur l'ouvert A de $\overline{\mathbb{R}}_+ \times \Omega$.

Définition (5.1) : Soit X une semi-martingale à valeurs dans une variété V. Elle est dite équivalente sur A à une martingale conforme (resp. semi-martingale conforme), si, pour tout ouvert V' de V, et toute fonction complexe φ sur V, de classe C^2 partout, holomorphe sur V', $\varphi \circ X$ est équivalente sur $A \cap X^{-1}(V')$, au sens du § 4, à une martingale conforme (resp. semi-martingale conforme). On appelle martingale conforme (resp. semi-martingale conforme) à valeurs dans V, une semi-martingale continue à valeurs dans V, qui est équivalente sur $\overline{\mathbb{R}}_+ \times \Omega$ à une martingale conforme (resp. semi-martingale conforme, alors nécessairement continue).

Il en résulte aussitôt que, si $A = \bigcup_n A_n$ ouverts, et si X est, sur chaque A_n, équivalente à une martingale (resp. semi-martingale) conforme, elle l'est sur A. Nous étendrons cette propriété à (5.7).

Remarque : Si X est équivalente sur A à une martingale conforme, cela ne veut plus du tout dire qu'il existe une martingale conforme M à laquelle elle soit équivalente sur A. L'équivalence n'a plus de sens ici, car la différence même $X - M$ n'a plus de sens, à valeurs dans une variété !

Nous donnons toutes les propositions de ce § seulement pour des martingales conformes ; elles sont vraies aussi pour des semi-martingales conformes. Et nous ne les démontrerons que pour des martingales conformes. C'est seulement s'il y a une différence dans le cas des semi-martingales conformes que nous le signalerons.

Nous devons légitimer cette définition :

Proposition (5.2) : Si $V = E$ est un espace vectoriel, la définition (5.1) coïncide avec la définition antérieure du § 4.

Démonstration : 1) Supposons que X soit équivalente à une martingale conforme au sens de (5.1). En utilisant les coordonnées de X suivant une base, et les sommes de coordonnées, qui sont des fonctions holomorphes sur E tout entier, on trouve que les X_i et $X_i + X_j$ sont équivalentes sur A à des martingales conformes ; donc, d'après (4.2), X est équivalente à une martingale conforme au sens du § 4. Si X est équivalente à une semi-martingale conforme au sens de (5.1), les X_i et $X_i + X_j$ sont équivalentes à des semi-martingales conformes, donc X est équivalente à une semi-martingale conforme au sens du § 4, par (4.6).

2) Inversement, supposons X équivalente à une martingale (resp. semi-martingale) conforme au sens du § 4. Alors elle l'est au sens de (5.1) d'après (4.3) et (4.6).

Il est évident que l'image par une application holomorphe (ou antiholomorphe) d'une semi-martingale, équivalente sur A à une martingale conforme, l'est encore.

On peut perfectionner comme suit :

Proposition (5.3) - Théorème VI : Soient V, W, deux variétés, V' une sous-variété de V, X une semi-martingale à valeurs dans V, Y une semi-martingale à valeurs dans W, Φ une application holomorphe ou antiholomorphe de V' dans W, A un ouvert de $\overline{\mathbf{R}}_+ \times \Omega$. Si X est, sur A, équivalente à une martingale conforme, si $X(A) \subset V'$ et $Y = \Phi \circ X$ sur A, Y aussi est équivalente sur A à une martingale conforme.

Démonstration : On peut recouvrir V' par une suite d'ouverts V_n''' de V, tels que, dans chacun, il existe une projection holomorphe π_n de V_n''' sur $V_n''' \cap V'$ (chaque V_n''' est isomorphe à un produit de $V_n''' \cap V'$ par une variété). De plus il existe une suite d'ouverts subordonnés V_n'''', formant encore un recouvrement de V', et tels que π_n opère encore de V_n'''' dans $V_n'''' \cap V'$. Soit alors φ une fonction complexe sur W, de classe C^2, holomorphe sur un ouvert W'' de W, et posons $\Phi^{-1}(W'') = V''$, ouvert de V'. Alors $\varphi \circ \Phi \circ \pi_n$ est définie de classe C^2 sur V_n''', holomorphe sur $V_n''' \cap \pi_n^{-1}(V'')$, et coïncide avec $\varphi \circ \Phi$ sur $V_n''' \cap V'$. Il existe donc une fonction ψ_n, définie et de classe C^2 sur V tout entière, coïncidant avec $\varphi \circ \Phi \circ \pi_n$ sur V_n'''' ♦, donc holomorphe sur $V_n'''' \cap \pi_n^{-1}(V'')$, coïncidant avec $\varphi \circ \Phi$ sur $V_n'''' \cap V'$. Puisque X, en tant que semi-martingale à valeurs dans V, est équivalente sur A à une martingale conforme, il en est de même, par définition, de $\psi_n \circ X$ sur $A \cap X^{-1}(V_n'''' \cap \pi_n^{-1}(V''))$, qui est $A \cap X^{-1}(V_n'''' \cap V'')$ puisque $X(A) \subset V'$; puisque $Y = \Phi \circ X$ sur A, $\varphi \circ Y = \varphi \circ \Phi \circ X = \psi_n \circ X$ sur $A \cap X^{-1} (V_n'''' \cap V'')$, $\varphi \circ Y$ est aussi équivalente sur $A \cap X^{-1}(V_n'''' \cap V'')$ à une martingale conforme. Mais les $V_n'''' \cap V''$ recouvrent V'', donc $\varphi \circ Y$ est équivalente sur $A \cap X^{-1}(V'')$ à une martingale conforme ; $A \cap X^{-1}(V'') = A \cap Y^{-1}(W'')$, donc cela prouve bien que Y est équivalente sur A à une martingale conforme.

Remarque : Ce théorème généralise considérablement (4.3). Or il ne semble pas utiliser les intégrales stochastiques de la démonstration de (4.3). Mais le présent théorème ne généralise effectivement (4.3) que si l'on sait que l'on a (5.2), qui, lui, utilise (4.3).

Comme cas particulier :

Corollaire (5.4) : *Si X est une semi-martingale à valeurs dans une sous-variété V' d'une variété V, alors, en tant qu'à valeurs dans V', elle est équivalente sur A à une martingale conforme, ssi elle l'est en tant qu'à valeurs dans V.*

♦ C'est trivial et d'usage courant : si f est une fonction C^2 à valeurs vectorielles sur un ouvert $\mathcal{O}$ d'une variété V, si $\mathcal{O}'$ est un ouvert subordonné ($\overline{\mathcal{O}'} \subset \mathcal{O}$), il existe une fonction $\overline{f}$, définie et de classe C^2 sur V tout entière, qui coïncide avec f sur $\mathcal{O}'$. Il suffit d'appeler α une fonction C^2 sur V, $0 \leq \alpha \leq 1$, égale à 1 sur $\mathcal{O}'$, à support dans $\mathcal{O}$, et de prendre $\overline{f} = \alpha f$ dans $\mathcal{O}$, 0 dans $\complement \operatorname{supp} \alpha$.

Il suffit d'appliquer dans les deux sens le théorème précédent : de V' à V, X est à valeurs dans V', $Y = X$ à valeurs dans V, Φ est le plongement ; de V à V', X est à valeurs dans $V' \subset V$, $Y = X$ à valeurs dans V', Φ est l'identité de V'.

Relèvement d'une martingale conforme dans un revêtement.

Corollaire (5.5) - Théorème VII (analogue de (2.6) - Théorème I) :

1) Soit X un processus continu à valeurs dans V et soit f une immersion holomorphe de V dans une variété W. Si X_o est $\mathcal{C}_o$-mesurable, et si $f \circ X$ est une semi-martingale à valeurs dans W, équivalente sur A à une martingale conforme, X est une semi-martingale à valeurs dans V, équivalente sur A à une martingale conforme. Si en particulier $f \circ X$ est une martingale conforme et X_o $\mathcal{C}_o$-mesurable, X est une martingale conforme.

2) Soit X une semi-martingale continue à valeurs dans V, $\tilde{X}$ un relèvement dans un revêtement $\tilde{V}$, tel que $\tilde{X}_o$ soit $\mathcal{C}_o$-mesurable. Si X est équivalente sur A à une martingale conforme, $\tilde{X}$ est une semi-martingale, équivalente sur A à une martingale conforme. En particulier si X est une martingale conforme et $\tilde{X}_o$ $\mathcal{C}_o$-mesurable, $\tilde{X}$ est une martingale conforme.

Démonstration : La partie semi-martingale est le théorème I (2.7). Reprenons les conditions du lemme (2.5), mais en supposant en outre que chaque Z_n est équivalente sur A à une martingale conforme à valeurs dans W_n. Alors (5.3)-Théorème VI montre que $X = \Phi_n \circ Z_n$, si $\Phi_n = f_n^{-1}$, est équivalente sur $X^{-1}(V'_n) \cap A$ à une martingale conforme, donc sur A par réunion dénombrable. Alors, pour 1), on prend un recouvrement ouvert $(V'_n)_{n \in \mathbb{N}}$ tel que f soit une difféomorphisme $\mathbb{C}$-analytique de V'_n sur une sous-variété de W, et on applique ce qui précède.

Pour 2), on remarque que la projection de $\tilde{X}$ sur X est une immersion.

Voici une proposition évidente, qui sera souvent utile :

Corollaire (5.6) : Soit $(E_n)_{n\in\mathbb{N}}$, $(U'_n)_{n\in\mathbb{N}}$, $(\Phi_n)_{n\in\mathbb{N}}$, $(V'_n)_{n\in\mathbb{N}}$ un atlas de V (E_n est un espace vectoriel, U'_n un ouvert de E_n, Φ_n un difféomorphisme $\mathbb{C}$-analytique de U'_n sur V'_n), et soit $(V''_n)_{n\in\mathbb{N}}$ un atlas subordonné ($\overline{V''_n}\subset V'_n$, et les V''_n forment encore un recouvrement ouvert). Soit $f_n = \Phi_n^{-1}$, et soit $\overline{f}_n$ une fonction C^2 sur V, à valeurs dans E_n, égale à f_n sur V''_n. Soit $Z_n = \overline{f}_n(X)$. Alors X est équivalente sur A à une martingale conforme, si et seulement si, pour tout n, Z_n l'est sur $A\cap X^{-1}(V''_n)$, à valeurs dans l'espace vectoriel E_n.

Démonstration : Si X est équivalente à une martingale conforme sur A, Z_n l'est sur $A\cap X^{-1}(V''_n)$ par (5.3) ; si Z_n l'est, comme $X = \Phi_n \circ Z_n$ sur $A\cap X^{-1}(V''_n)$, X l'est sur $A\cap X^{-1}(V''_n)$ par (5.3), donc sur A par réunion.

Proposition (5.7) (analogue de (4.2) - Théorème IV) : Soit X une semi-martingale à valeurs dans V, C son plus grand ouvert $\subset \overline{\mathbb{R}}_+\times\Omega$ de continuité. Dans C, il existe un plus grand ouvert d'équivalence de X à une martingale conforme, et il est optionnel.

Démonstration : C est l'intérieur de l'ensemble optionnel des points de continuité de X, donc il est optionnel (3.4). Reprenons la situation du corollaire (5.6). Soit B_n le plus grand ouvert d'équivalence de Z_n à une martingale conforme ; il est optionnel (4.2). Posons $B = \bigcup_n (C\cap X^{-1}(V''_n)\cap B_n)$; c'est un ouvert optionnel. Tout ouvert d'équivalence de X à une martingale conforme est dans B ; et X est, sur

$C \cap X^{-1}(V''_n) \cap B_n$, équivalent à une martingale conforme, donc sur B par réunion dénombrable, B est donc l'ouvert cherché.

Martingales conformes, et fonctions pluriharmoniques et plurisous-harmoniques.[11]

Les énoncés suivants de ce paragraphe sont exclusivement valables pour une martingale conforme, et disparaissent pour une semi-martingale conforme.

Proposition (5.8) - Théorème VIII : Soit X une semi-martingale à valeurs dans V, équivalente sur A à une martingale conforme. Soit φ une fonction réelle de classe C^2 sur V, pluriharmonique (resp. plurisous-harmonique, si X est partout continue) sur un ouvert V' de V. Alors $\varphi \circ X$ est équivalente, sur $A \cap X^{-1}(V')$, à une martingale (resp. à une sous-martingale).

Démonstration : 1) Démontrons d'abord le cas pluriharmonique, qui est très élémentaire. Il existe un recouvrement ouvert $(V'_n)_{n \in \mathbb{N}}$ de V', tel que dans V'_n, φ soit partie réelle d'une fonction holomorphe $f_n = \varphi + i\psi_n$ (il suffit de prendre un V'_n $\mathbb{C}$-analytiquement difféomorphe à une boule). Alors il existe, si $(V''_n)_{n \in \mathbb{N}}$ est un recouvrement ouvert subordonné, une fonction $\overline{\psi}_n$, définie sur V tout entière et de classe C^2, égale à ψ_n sur V''_n. Alors, si $f_n = \varphi + i\overline{\psi}_n$, $f_n \circ X$ est équivalente, sur $A \cap X^{-1}(V''_n)$, à une martingale conforme, donc sa partie réelle $\varphi \circ X$ à une martingale ; donc aussi sur $A \cap X^{-1}(V')$ par réunion.

2) Démontrons le cas plurisous-harmonique lorsque $V = E$ espace vectoriel. Appliquons la formule d'Itô sous la forme (4.4), avec φ au lieu de Φ. Le terme discontinu est ~ 0 sur A, X étant continue sur A. Les intégrales en $d\langle X^c, X^c\rangle$ et $d\langle \overline{X}^c, \overline{X}^c\rangle$ sont équivalentes à 0 sur A, puisque X est équivalente à une martingale conforme M, (3.2) et

(4.2) ; les intégrales stochastiques en dX et $d\overline{X}$ sont équivalentes sur A à des martingales, pour la même raison ; si nous démontrons que l'intégrale en $d\langle X^c,\overline{X}^c\rangle$ est équivalente sur $A\cap X^{-1}(V')$ à un processus croissant adapté continu ≥ 0, $\varphi\circ X$ sera bien équivalente sur $A\cap X^{-1}(V')$ à une sous-martingale. Or cette intégrale est équivalente, toujours par (3.2), à l'intégrale de la même fonction par rapport à $d\langle M,\overline{M}\rangle$, qui s'écrit, avec des coordonnées complexes :

$$\sum_{i,j=1}^{N}\left(\frac{\partial^2\varphi}{\partial z_i\,\partial\overline{z}_j}\circ X\right)\bullet\langle M_i,\overline{M}_j\rangle \ .$$

Soit C un processus croissant continu adapté ≥ 0 dominant les $\langle M_i,\overline{M}_j\rangle$, par exemple $C=\sum_{i=1}^{N}\langle M_i,\overline{M}_i\rangle$. Alors on a une formule $d\langle M_i,\overline{M}_j\rangle = m_{i,j}\,dC$, ou $\langle M_i,\overline{M}_j\rangle = m_{ij}\bullet C$, m_{ij} fonction optionnelle dC-intégrable. Soient z_i, $i=1,2,\dots,N$, des nombres complexes ; $\sum_{i,j=1}^{N}\langle M_i,\overline{M}_j\rangle z_i\overline{z}_j$ est croissante, car elle vaut $\langle\sum_i z_i M_i, \overline{\sum_j z_j M_j}\rangle$; donc $\sum_{i,j} m_{ij}\, z_i\overline{z}_j \geq 0$ dC-presque partout. Ceci est vrai, pour toute suite $(z_i)_{i=1,\dots,N}$ complexe rationnelle, dC-presque partout ; donc aussi, dC-presque partout, pour toute suite $(z_i)_{i=1,\dots,N}$ complexe ; autrement, dC-presque partout, la matrice $(m_{i,j})_{i,j}$ est hermitienne ≥ 0. Mais la matrice $\dfrac{\partial^2\varphi}{\partial z_i\,\partial\overline{z}_j}\circ X$ est aussi hermitienne ≥ 0 dans $X^{-1}(V')$, c'est la définition de la plurisousharmonicité. Alors $\sum_{i,j}\left(\dfrac{\partial^2\varphi}{\partial z_i\,\partial\overline{z}_j}\circ X\right) m_{i,j}$ est dC-pp. ≥ 0 dans $A\cap X^{-1}(V')$. N'utilisons pas (3.11), qui nécessiterait la continuité de X partout. Cette positivité, pour une intégrale de Stieltjes, prouve en effet que $\sum_{i,j}\left(\dfrac{\partial^2\varphi}{\partial z_i\,\partial\overline{z}_j}\circ X\right) m_{i,j}\bullet C$ est équivalent, sur $A\cap X^{-1}(V')$,

au processus $\left|\sum_{i,j}\left(\dfrac{\partial^2\varphi}{\partial z_i\,\partial\overline{z}_j}\circ X\right) m_{i,j}\right|\bullet C$, adapté partout continu croissant ≥ 0. Donc l'intégrale en $d\langle M,\overline{M}\rangle$, donc aussi l'intégrale en $d\langle X,\overline{X}\rangle$, est bien équivalente sur $A \cap X^{-1}(V')$ à un processus adapté continu croissant ≥ 0, et la proposition est démontrée pour $V = E$ espace vectoriel, sans supposer la continuité de X (autrement que sur A).

3) Passons à la plurisous-harmonicité dans le cas général. Plaçons-nous dans les conditions du corollaire (5.6) en supposant $\overline{V}''_n$ compact, de façon que $U''_n = f_n(V''_n)$ ait, dans E_n, son adhérence dans U'_n. Il existe alors une application ψ_n de classe C^2 de E_n dans $\mathbb{R}$, égale à $\varphi \circ \Phi_n$ dans U''_n ; mais $\varphi \circ \Phi_n$ est encore plurisous-harmonique dans $\Phi_n^{-1}(V')$. Le cas 2) dit alors que $\psi_n \circ Z_n$ est équivalente, sur $A \cap X^{-1}(V''_n \cap V')$, à une sous-martingale ; donc aussi $\varphi \circ X$, qui lui est égale sur $X^{-1}(V''_n)$; donc aussi $\varphi \circ X$ sur $A \cap X^{-1}(V')$ par réunion dénombrable (3.11) (utilisant alors la continuité de X partout).

<u>Remarque</u> : Si la dimension complexe $N_{\mathbb{C}}$ est 1, il n'y a pas de différence essentielle entre une martingale conforme et un mouvement brownien (par changement de temps) ; et les fonctions plurisous-harmoniques sont exactement les fonctions sous-harmoniques (pour une structure hermitienne C^1 sur V et le laplacien). Alors la liaison entre X martingale conforme et φ plurisous-harmonique est la liaison entre X brownien et φ sous-harmonique (voir (8.4)). Mais, pour $N_{\mathbb{C}} > 1$, c'est tout différent. Les fonctions plurisous-harmoniques sont bien plus particulières que les fonctions sous-harmoniques, mais les martingales conformes bien plus générales que les mouvements browniens. D'où l'intérêt nouveau du théorème VIII.

Il existe des réciproques, qui ne sont sans doute pas plus que des amusements :

<u>Proposition (5.9)</u> : 1) <u>Soit</u> X <u>une semi-martingale à valeurs dans</u> V. <u>Soit</u> A <u>un ouvert de</u> $\overline{\mathbb{R}}_+ \times \Omega$. <u>Supposons que, pour tout ouvert</u> V' <u>de</u> V, <u>et, pour toute</u> φ <u>réelle de classe</u> C^2 <u>sur</u> V, <u>pluriharmonique dans</u> V',

$\varphi \circ X$ _soit équivalente à une martingale sur_ $A \cap X^{-1}(V')$; _alors_ X _est équivalente sur_ A _à une martingale conforme_.

2) _Soit_ φ _une fonction réelle_ C^2 _sur_ V, _et soit_ V' _un ouvert de_ V. _Supposons que, pour toute martingale conforme_ X _à valeurs dans_ V, $\varphi \circ X$ _soit équivalente dans_ $X^{-1}(V')$ _à une sous-martingale, et que_ $(\Omega, \mathcal{O}, \lambda, (\mathcal{C}_t)_{t \in \overline{\mathbb{R}}_+})$ _soit choisi de manière à admettre un mouvement brownien complexe_ B _partant de l'origine à l'instant_ 0. _Alors_ φ _est plurisous-harmonique dans_ V'.

Démonstration : 1) est évident : toute φ complexe, de classe C^2 sur V , holomorphe dans V',
est pluriharmonique, donc $\varphi \circ X$ est équivalente dans $A \cap X^{-1}(V')$ à une martingale ; mais φ^2 aussi est holomorphe, donc $(\varphi \circ X)^2$ est aussi équivalente à une martingale, donc $\varphi \circ X$ à une martingale conforme d'après (4.2) ; donc X est équivalente sur A à une martingale conforme.

2) Si B est le mouvement brownien complexe supposé exister, on peut construire le mouvement arrêté au temps T de sortie du disque unité fermé D de $\mathbb{C}$, soit B^T. Soit alors f n'importe quelle application holomorphe, d'un voisinage de D dans $\mathbb{C}$, dans V' ; $X = f \circ B^T$ est une martingale conforme à valeurs dans V'. Alors, par hypothèse, $\varphi \circ f \circ B^T$ est une sous-martingale (ici $X^{-1}(V') = \overline{\mathbb{R}}_+ \times \Omega$) . Elle est bornée, car f(D) est compact. Donc $\varphi(f(0)) \leq \mathbb{E}\,\varphi(f(B^T_\infty)) = \mu(\varphi \circ f)$, où μ est la probabilité canonique du cercle unité bord de D. Cela veut exactement dire que φ est plurishous-harmonique dans V'.

Dans l'énoncé (et la démonstration) de la proposition (5.10), sous-martingale reprendra son sens propre, et ne voudra plus dire sous-martingale locale continue.

Proposition (5.10) - Théorème VIII bis : Supposons que V soit un ouvert de $\mathbb{C}^N$. Si X est une martingale conforme à valeurs dans V, et si φ est une fonction réelle plurisous-harmonique sur V (non nécessairement finie ni continue), $\varphi \circ X$ est localement une sous-martingale généralisée ; si φ est en outre finie continue, elle est une sous-martingale locale continue.

Démonstration : Rappelons qu'une fonction φ plurisous-harmonique peut prendre la valeur $-\infty$, mais pas la valeur $+\infty$; elle n'est pas nécessairement continue, mais semi-continue supérieurement ; pour V connexe, elle est ou identique à $-\infty$, ou localemement Lebesgue-intégrable, et nous pourrons évidemment supposer ici qu'on est dans ce second cas.

Une sous-martingale généralisée est un processus Y, prenant ses valeurs dans $[-\infty,+\infty[$, adapté cadlag, tel que $Y \vee 0$ soit intégrable (mais pas nécessairement $Y \wedge 0$, donc $-\infty \leq \mathbb{E}(Y_t) < +\infty$), tel que, quels que soient $s, t \in \overline{\mathbb{R}}_+$, $s \leq t$ et $A \in \mathcal{T}_s$: $+\infty > \int_A Y_t \, d\lambda \geq \int_A Y_s \, d\lambda \geq -\infty$; cela équivaut à dire que, pour tout M réel ≥ 0, $Y \vee (-M)$ est une sous-martingale. Alors Y sera dite localement sous-martingale généralisée, s'il existe une suite croissante $(T_n)_{n\in\mathbb{N}}$ de temps d'arrêt, tendant stationnairement vers $+\infty$, telle que chaque processus arrêté Y^{T_n} soit, sur $\overline{\mathbb{R}}_+ \times \{T_n > 0\}$, une sous-martingale généralisée.

Soit alors K_n l'ensemble compact des points de $\mathbb{C}^N$, de norme $\leq n$ et dont la distance à $\complement V$ est $\geq \frac{1}{n}$; et soit T_n le temps de sortie de X de K_n ; $(T_n)_{n\in\mathbb{N}}$ est une suite croissante de temps d'arrêt tendant stationnairement vers $+\infty$; dans $\overline{\mathbb{R}}_+ \times \{T_n > 0\}$, le processus arrêté X^{T_n} est dans K_n ; nous allons alors voir que, dans $\overline{\mathbb{R}}_+ \times \{T_n > 0\}$, $(\varphi \circ X)^{T_n}$ est une sous-martingale généralisée. Soit ρ une fonction C^∞ réelle ≥ 0, de support contenu dans la boule de rayon $\frac{1}{2n}$ et d'intégrale 1 ; alors la régularisée $\varphi_\rho = \varphi * \rho$ est définie dans l'ouvert U_n des points dont la distance à $\complement V$ est $> \frac{1}{2n}$, $U_n \supset K_n$, et elle y est partout finie, C^∞, plurisous-harmonique, bornée sur K_n. Il résulte alors de la proposisition (5.8) que $(\varphi_\rho \circ X)^{T_n} = \varphi_\rho \circ X^{T_n}$ est une sous-martingale locale continue ; étant bornée, elle est une sous-martingale vraie continue. Mais il existe une suite $(\rho_m)_{m\in\mathbb{N}}$ de fonctions telles que ρ, à symétrie sphérique, dont les supports sont dans des boules de rayon $\leq \frac{1}{2n}$ tendant vers 0, telles que φ_{ρ_m} décroisse lorsque m croît, et tende bien entendu vers φ dans U_n lorsque $m \to +\infty$. Alors $(\varphi \circ X)^{T_n}$ est, dans $\overline{\mathbb{R}}_+ \times \{T_n > 0\}$, limite de la suite décroissante de sous-martingales $((\varphi_{\rho_m} \circ X)^{T_n})_{m\in\mathbb{N}}$, elle est donc une sous-martingale généralisée [(12)], et $\varphi \circ X$ est bien localement une sous-martingale généralisée. Si φ est finie continue, $(\varphi \circ X)^{T_n}$ est, sur $\overline{\mathbb{R}}_+ \times \{T_n > 0\}$, finie continue, donc est une sous-martingale vraie ; $\varphi \circ X$ est alors une sous-martingale locale continue.

Remarques : 1) J'ai bien l'impression que le résultat subsiste pour V quelconque, mais la démonstration ci-dessus ne subsiste plus, car φ n'est sans doute pas limite d'une suite décroissante de fonctions finies C^2 plurisous-harmoniques.

2) La proposition (5.9), 2), est encore vraie, avec la même démonstration, sous la forme modifiée suivante : Soit φ une fonction réelle continue sur V. Supposons que, pour toute martingale conforme X à valeurs dans V, $\varphi \circ X$ soit une sous-martingale locale continue, et que $(\Omega, \mathcal{O}, \lambda, (\mathcal{C}_t)_{t\in\overline{\mathbb{R}}_+})$ soit choisi de manière à admettre un mouvement brownien complexe B partant de l'origine à l'instant 0. Alors φ est pluri-sousharmonique.

Si alors V est un ouvert de $\mathbb{C}^N$, on sait que V est de Stein si et seulement si, en appelant $\delta(x)$ la distance de x à $\complement V$, relative à n'importe quelle $\mathbb{C}$-norme, $-\log \delta$ est plurisous-harmonique sur V (finie continue)*; donc V est de Stein si et seulement si, pour toute

---

* Voir HÖRMANDER [1], chapitre II, 2.6.

martingale conforme X à valeurs dans V, $-\ell og(\delta \circ X)$ est une sous-martingale locale continue. C'est une caractérisation probabiliste d'un ouvert de Stein de $\mathbb{C}^N$.

Martingales conformes et ensembles pluripolaires.

Soit H un ensemble polaire de $\mathbb{R}^n$. Il est bien connu que le mouvement brownien B à valeurs dans $\mathbb{R}^n$, quelle que soit la loi de probabilité du point initial B_o, est presque sûrement dans $\complement H$ aux temps > 0 (13). Une martingale conforme X à valeurs dans $\mathbb{C}$ est, à changement de temps près, un mouvement brownien*; elle a donc la propriété suivante, si H est un ensemble polaire de $\mathbb{R}^2$: si T est le temps de sortie de H (qui n'est pas un temps d'arrêt si H est trop irrégulier), X est dans H dans l'intervalle stochastique $]T,+\infty]$; ou encore, dès que X a quitté H, il n'y retourne plus jamais (pour λ-presque tout ω, pour tout $s \in \overline{\mathbb{R}}_+$ tel que $X(s,\omega) \notin H$, $X(t,\omega) \notin H$ pour tout $t \geq s$) ; on dira que X quitte H sans retour. Dans $\mathbb{C}^N$, les martingales conformes sont bien plus générales que des mouvements browniens ; donc les ensembles quittés sans retour sont différents des ensembles polaires.

Un ensemble H d'une variété $\mathbb{C}$-analytique V est dit globalement pluripolaire (ou globalement $\mathbb{C}$-polaire), s'il existe une fonction φ plurisous-harmonique sur V, non identique à $-\infty$, égale à $-\infty$ sur H. Mais ce n'est pas la notion la plus intéressante : H sera dit localement pluripolaire, ou plus simplement H sera dit pluripolaire (le nom le plus court pour la notion la plus utile !) si tout point a de V possède un voisinage ouvert V' tel que $H \cap V'$ soit, dans V', globalement pluripolaire. Si H est globalement pluripolaire dans V, pour tout ouvert U' de V, $H \cap V'$ est globalement pluripolaire dans V', donc H est (localement) pluripolaire dans V. La réciproque est trivialement fausse, puisque, si

* Voir GETOOR et SHARPE [1], théorème (6.7), page 297.

V est compacte, le théorème du maximum dit qu'elle n'a pas d'autres fonctions plurisous-harmoniques que les constantes. Mais on a démontré très récemment que, dans $V = \mathbb{C}^N$, un ensemble pluripolaire est globalement pluripolaire[♦]. Contrairement à ce qui se passe en dimension $N = 1$, il n'est pas possible d'espérer qu'en dimension $N \geq 2$ une martingale conforme quitte sans retour un ensemble pluripolaire. Considérons par exemple, dans $\mathbb{C}^N$, $N \geq 2$, l'ensemble H_o complémentaire d'un point $x_o \in D$ dans une droite complexe D. C'est un ensemble pluripolaire, parce que D est pluripolaire. Cependant un mouvement brownien complexe dans D, d'origine $x_o \notin H_o$, entre dans H_o aussitôt et y reste à tous les temps > 0 !
Voici un autre exemple : soit H_1 un disque fermé dans la droite complexe D de $\mathbb{C}^N$, et $x_o \in D$, $x_o \notin H_1$. Un mouvement brownien complexe dans D, issu de x_o, entre dans H_1 et sort de H_1 une infinité de fois. H_o, H_1, ne sont donc pas quittés sans retour, bien que pluripolaires ; et H_1 est fermé. On remarquera d'ailleurs que, si un processus quitte H sans retour, il ne quitte pas nécessairement sans retour $H' \subset H$; d'ailleurs X quitte V elle-même sans retour, puisqu'il ne la quitte jamais !

Nous dirons qu'un ensemble $H \subset V$ est <u>globalement</u> $\mathbb{C}$-fermé si H est l'intersection des ensembles $\{\varphi = -\infty\}$, pour toutes les φ plurisous-harmoniques égales à $-\infty$ sur H ; cela veut aussi dire que, pour tout $x_o \notin H$, il existe φ pluri-sousharmonique, égale à $-\infty$ sur H et finie en x_o. Et H <u>sera dit</u> (sous-entendu : localement) $\mathbb{C}$-<u>fermé</u> si tout point a de V possède un voisinage V' tel que $H \cap V'$ soit, dans V', globalement $\mathbb{C}$-fermé. Remarquons que V tout entière est $\mathbb{C}$-fermée ; mais tout autre sous-ensemble $\mathbb{C}$-fermé est pluripolaire. Si un ensemble est $\mathbb{C}$-fermé dans V, pour toute sous-variété $\mathbb{C}$-analytique V' de V, $H \cap V'$ est, dans V', $\mathbb{C}$-fermé. Les ensembles donnés plus haut, H_o, H_1, dans une droite complexe D de $\mathbb{C}^N$, ne sont pas $\mathbb{C}$-fermés, car leur intersection avec D n'est pas D et n'est pas polaire dans D. Si $N = 1$, un ensemble

---

♦ Voir B. JOSEFSON [1].

polaire est $\mathbb{C}$-fermé[*],mais les exemples H_o, H_1, pour $N \geq 2$, montrent qu'un ensemble pluripolaire n'est pas nécessairement $\mathbb{C}$-fermé.

Remarque : Un sous-ensemble $\mathbb{C}$-analytique fermé de V est $\mathbb{C}$-fermé. En effet, au voisinage de tout point, il est l'ensemble des zéros d'un nombre fini de fonctions holomorphes, $(f_i)_{i\in I}$; alors il est, dans ce voisinage, $\{\varphi = -\infty\}$, où $\varphi = \log \sum_{i\in I} f_i \overline{f}_i$, plurisous-harmonique[**]. (Mais il n'en est pas de même d'un sous-ensemble $\mathbb{C}$-analytique non fermé, par exemple d'un ouvert !)

On a alors le théorème suivant :

Proposition (5.11) - Théorème VIII ter : Une martingale conforme quitte sans retour un ensemble borélien $\mathbb{C}$-fermé.

Démonstration : 1) Soit V un ouvert de $\mathbb{C}^N$. Nous supposerons que $X_o = x_o \notin H$ ps. ; H ne sera pas supposé nécessairement borélien ni $\mathbb{C}$-fermée, mais nous supposerons qu'il existe φ plurisous-harmonique sur V, égale à $-\infty$ sur H et finie en x_o ; et nous allons montrer que X ne rencontre jamais H. D'après (5.10), $\varphi \circ X$ est localement une sous-martingale généralisée. Mais un tel processus quitte sans retour $\{-\infty\}$: après son temps de sortie de $\{-\infty\}$, il reste toujours fini. Or $\varphi \circ X_o = \varphi(x_o) \neq -\infty$; donc $\varphi \circ X$ reste toujours fini, donc X ne rencontre jamais H.

2) Supposons toujours V ouvert de $\mathbb{C}^N$, sans hypothèse sur X_o. Nous ne supposerons pas nécessairement H borélien, mais seulement souslinien ; mais nous le supposerons globalement $\mathbb{C}$-fermé

---

[*] Voir par exemple BRELOT [1], théorème p. 37.

[**] Voir HÖRMANDER [1].

dans V ; et nous allons montrer que, sur $\{X_o \notin H\}$, X ne rencontre jamais H. Quitte à remplacer $(\Omega,\mathcal{O},\lambda,(\mathcal{T}_t)_{t\in\overline{\mathbb{R}}_+},X)$ par un système équivalent, on peut toujours supposer que Ω est l'espace canonique C(V) des fonctions continues sur $\mathbb{R}_+$ à valeurs dans V, muni de sa tribu borélienne $\mathcal{O}$; X_t est la projection de C(V) sur V, donnant la position à l'instant t, $\mathcal{U}_t$ est la tribu engendrée par les X_s, $s \leq t$, et $\mathcal{T}_t$ est la tribu engendrée par les parties λ-négligeables et $\mathcal{U}_{t_+} = \bigcap_{\varepsilon>0} \mathcal{U}_{t+\varepsilon}$; X reste une martingale conforme (c'est bien connu pour une martingale vraie ; c'est aussi exact pour une martingale locale continue, car X est une martingale locale continue si et seulement si, en posant $T_n = \mathrm{Inf}\{t\,;\,|X_t| \geq n\}$, X^{T_n} est une martingale vraie continue sur $\overline{\mathbb{R}}_+ \times \{T_n > 0\}$: les temps d'arrêt T_n qui la réduisent peuvent être choisis d'après les trajectoires seulement, donc se transportent sur C(V) ; enfin X est une martingale conforme ssi X et X^2 sont des martingales locales continues). Mais, dans la situation canonique, λ admet une désintégration par rapport à la tribu $\mathcal{T}_o$, soit $\omega \mapsto \lambda_\omega$ •. Pour montrer que l'ensemble Ω', λ-mesurable (parce que H est souslinien)(14), des trajectoires qui ne sont pas dans H à l'instant initial, mais rencontrent au moins une fois H, est λ-négligeable, il suffit de montrer que, pour λ-presque tout ω, $\lambda_\omega(\Omega') = 0$. Or, pour λ-presque tout ω, λ_ω ps. $X_o = X_o(\omega)$. Ou bien $X_o(\omega) \in H$, alors λ_ω ps. $X_o \in H$ donc $\lambda_\omega(\Omega') = 0$; ou bien $X_o(\omega) \notin H$, alors le point 1) montre que λ_ω ps. X ne rencontre pas H, et encore $\lambda_\omega(\Omega') = 0$.

3) Supposons maintenant V ouvert de $\mathbb{C}^N$, H borélien globalement $\mathbb{C}$-fermé dans V. Soit T le temps de sortie de H, temps d'arrêt ; nous allons montrer que, dans $]T,+\infty]$, X ne rencontre pas H, ce qui montrera le théorème pour V, moyennant une hypothèse globale pour H plus forte que celle de l'énoncé.

Soit $\varepsilon > 0$; l'ensemble des (t,ω) tels que $T(\omega) \leq t < T(\omega)+\varepsilon$, $X(t,\omega) \notin H$,

---

• Voir SCHWARTZ [2], théorème (2.19) page 38 ou théorème (5.18) page 125.

est optionnel parce que H est borélien. Soit α la λ-mesure de la projection sur Ω ; cette projection est exactement $\{T < +\infty\}$. D'après le théorème des sections*, quel que soit $\varepsilon' > 0$, il existe un temps d'arrêt T', dont le graphe dans $\mathbb{R}_+ \times \Omega$ est dans cet ensemble (donc $X_{T'}$ dans $\{T' < +\infty\}$, ne rencontre pas H), et tel que la projection de ce graphe sur Ω soit de λ-mesure $\geq \alpha - \varepsilon'$. Considérons alors la martingale conforme $Y = (X_{T'+t})_{t \in \overline{\mathbb{R}}_+}$, par rapport à la famille de tribus $(\mathcal{C}_{T'+t})_{t \in \overline{\mathbb{R}}_+}$. Dans $\{T' < +\infty\}$, $Y_0 \notin H$ ps. Donc le point 2) montre que, sur $\{T' < +\infty\}$, ps. Y ne rencontre jamais H, donc X ne rencontre plus H dans $[T', +\infty]$. Donc X ne rencontre pas H dans $]T + \varepsilon, +\infty] \cap (\overline{\mathbb{R}}_+ \times \{T' < +\infty\})$; comme ε' est arbitraire, X ne rencontre pas H dans $]T + \varepsilon, +\infty]$; comme ε est arbitraire, ~~X~~ ne rencontre pas H dans $]T, +\infty]$.

4) Passons au cas général , V quelconque, H borélien $\mathbb{C}$-fermé. On peut recouvrir V par une suite d'ouverts $(V'_n)_{n \in \mathbb{N}}$, puis par une suite d'ouverts subordonnés $(V''_n)_{n \in \mathbb{N}}$, tels que chaque V'_n soit $\mathbb{C}$-analytiquement isomorphe à un ouvert de $\mathbb{C}^N$ et que $H \cap V'_n$ soit, dans V'_n, globalement $\mathbb{C}$-fermé. Soit $s \in \mathbb{Q}_+$, et $S_n = S(s, X^{-1}(V''_n))$ le temps de sortie $\geq s$ de V''_n, conformément au lemme (2.3). Considérons alors la martingale conforme X seulement relative à l'intervalle stochastique $[s, +\infty]$, et au sous-ensemble $\{S_n > s\} \in \mathcal{C}_s$ de Ω. Alors le processus arrêté X^{S_n}, ainsi restreint, prend ses valeurs dans $\overline{V}''_n \subset V'_n$; en vertu de l'hypothèse faite sur V'_n, on peut lui appliquer le résultat 3) (en transportant tout, par un isomorphisme $\mathbb{C}$-analytique, de V'_n sur un ouvert de $\mathbb{C}^N$), relatif à $H \cap V'_n$. Donc X quitte sans retour $H \cap V'_n$, donc H, dans $[s, +\infty] \cap (\overline{\mathbb{R}}_+ \times \{S_n > s\})$; cela entraîne que X quitte H sans retour dans $|s, S_n$ (défini au lemme (2.3)). Mais, par sa compacité, $\overline{\mathbb{R}}_+$ est, pour tout ω, réunion d'un nombre fini des invervalles ouverts $|s, S_n(\omega)|$, $s \in \mathbb{Q}_+$, $n \in \mathbb{N}$; pour λ presque-tout ω, $X(\omega)$ quitte H sans retour dans chaque $|s, S_n(\omega)|$, donc dans leur réunion finie $\overline{\mathbb{R}}_+$, cqfd.

---

* Voir DELLACHERIE [1], théorème T 9, page 71.

<u>Remarques</u> : 1) Pour $N_{\mathbb{C}} = 1$, les ensembles pluripolaires sont les ensembles polaires ; ils sont tous $\mathbb{C}$-fermés. Le théorème VIII ter est alors vrai sans qu'il soit nécessaire de supposer H borélien. En effet, en raisonnant comme ci-dessus, sur X^{S_n} dans $[s,+\infty] \cap (\overline{\mathbb{R}}_+ \times \{S_n > s\})$, on a une martingale conforme qui est donc, à un changement de temps près, un mouvement brownien ; comme ce dernier est dans $\complement H$ aux temps $> s$, X quitte H sans retour. Pour $N_{\mathbb{C}} \geq 2$, j'ignore si l'hypothèse que H est borélien est effectivement nécessaire.

2) Pour $N_{\mathbb{C}} = 1$, il y a une réciproque : si H est borélien et quitté sans retour par toute martingale conforme, il est ou V tout entière, ou polaire donc pluripolaire et $\mathbb{C}$-fermé. En effet, en localisant, on se ramène à la situation où H est dans un disque $D = \{z \in \mathbb{C} ; |z| < 1\}$ de $\mathbb{C}$; il est alors quitté sans retour par tout mouvement brownien B, arrêté au bord de tout cercle concentrique rD, $0 < r < 1$, quel que soit son point de départ. On voit facilement que cela entraîne que H soit polaire.
J'ignore au contraire, pour $N \geq 2$, si un ensemble borélien, quitté sans retour par toute martingale conforme, est $\mathbb{C}$-fermé, ou même si, lorsqu'il est $\neq$ V, il est pluripolaire (par contre, il est polaire par le même raisonnement que pour $N = 1$, mais c'est sans intérêt).

3) Dans $\mathbb{C}^N$, les ensembles globalement $\mathbb{C}$-fermés définissent une topologie (je ne sais pas trop si c'est vrai pour les ensembles localement $\mathbb{C}$-fermés sur une variété, parce que je ne sais pas si une intersection de tels ensembles en est un). Cette topologie n'est pas comparable à la topologie usuelle. En effet, un disque fermé d'un sous-espace vectoriel de dimension complexe 1 est fermé, mais non $\mathbb{C}$-fermé ; d'autre part, un ensemble dénombrable dense est $\mathbb{C}$-fermé mais non fermé. J'ignore l'intérêt par ailleurs de cette topologie.

***

§ 6. SOUS-ESPACES STABLES DE MARTINGALES REELLES. SOUS-ESPACES STABLES ET INTEGRALES STOCHASTIQUES ASSOCIEES A UNE SEMI-MARTINGALE A VALEURS DANS UNE VARIETE.

Bien qu'on puisse travailler sur des martingales quelconques, cela soulève de grosses difficultés et l'intérêt m'en paraît limité dans ce §, donc, dans tout ce qui suit, semi-martingale voudra dire semi-martingale continue ; et, comme au § 4, martingale voudra dire martingale locale continue, mais en outre nulle au temps 0.

Donnons d'abord quelques résultats sur les martingales réelles[(15)]. On dit que deux martingales M, N, sont orthogonales si $\langle M,N\rangle = 0$; autrement dit, si MN est encore une martingale. Un sous-espace $\mathcal{M}$ de l'espace $\mathcal{L}$ des martingales réelles est dit stable, s'il est stable par arrêt (T temps d'arrêt, $M \in \mathcal{M}$, impliquent $M^T \in \mathcal{M}$), si, pour toute suite $(T_n)_{n\in\mathbb{N}}$ de temps d'arrêt, croissante et tendant stationnairement vers $+\infty$, les relations $M^{T_n} \in \mathcal{M}$ impliquent $M \in \mathcal{M}$, et enfin si $\mathcal{M} \cap \mathcal{L}^2$ est fermé dans $\mathcal{L}^2$; $\mathcal{L}^2$ désigne l'espace hilbertien des martingales (vraies) de carré intégrable (toujours continues, nulles en 0), avec $\|M\|^2_{\mathcal{L}^2} = \mathbb{E}(M^2_\infty)$.

Si $\mathcal{M}$ est un sous-espace de $\mathcal{L}$, $\mathcal{M}^+$, espace des martingales orthogonales à $\mathcal{M}$, est stable, $\mathcal{M}^{++}$ est le sous-espace stable engendré par $\mathcal{M}$, et $\mathcal{M}^{+++} = \mathcal{M}^+$. En raisonnant à partir de $\mathcal{M} \cap \mathcal{L}^2$, on voit que $\mathcal{L}$ est somme directe orthogonale $\mathcal{M} \oplus \mathcal{M}^+$. Pour toute martingale M, sa composante sur $\mathcal{M}$ dans cette décomposition est sa projection orthogonale sur $\mathcal{M}$: c'est le seul élément $M_{\mathcal{M}}$ de $\mathcal{M}$ tel que $M - M_{\mathcal{M}}$ soit orthogonal à $\mathcal{M}$. Une somme finie de martingales orthogonales est nulle, ssi chacune d'elles est nulle ; plus généralement, une telle somme est équivalente à 0 sur un ouvert de $\overline{\mathbb{R}}_+ \times \Omega$ ssi chacune l'est. Cela résulte aussitôt de ce que, si les M_k sont orthogonales, $<\sum_k M_k , \sum_k M_k> = \sum_k <M_k,M_k>$, et de (3.1 bis) et (3.2) : si $\sum_k M_k \sim 0$, alors $\sum_k <M_k,M_k> \sim 0$; chacune des $<M_k,M_k>$ est croissante, la somme ne peut être localement constante sur A que si chacune l'est, donc chaque $<M_k,M_k> \sim 0$ donc $M_k \sim 0$.

Soit M une martingale réelle, H un processus optionnel. On dit que H est dM-intégrable, si $\int_{]0,+\infty]} H_s^2 \, d<M,M>_s < +\infty$ ps.* On peut alors définir l'intégrale stochastique $H \bullet M$. Celle-ci est dans $\mathcal{L}^2$ ssi

$$\|H \bullet M\|^2_{\mathcal{L}^2} = \mathbb{E}\,(H \bullet M)^2_\infty = \mathbb{E}\int_{]0,+\infty]} H_s^2 \, d<M,M>_s < +\infty \quad .$$

On notera les importantes propriétés suivantes :

Si K est dM-intégrable, H est $d(K \bullet M)$-intégrale ssi HK est dM-intégrable, et alors $H \bullet (K \bullet M) = \dot{H}K \bullet M$(16) (mais bien entendu, comme on le voit en prenant $H = 0$, si K n'est pas dM-intégrable, ceci n'a plus de sens).

Le processus H est dM-intégrable et d'intégrale $H \bullet M \in \mathcal{L}^2$, ssi les $H_n \bullet M$, $H_n = H 1_{|H| \le n}$, sont dans $\mathcal{L}^2$ et de normes bornées dans $\mathcal{L}^2$; alors $H \bullet M$ est limite des $H_n \bullet M$ dans $\mathcal{L}^2$. Ensuite H est dM-intégrable, si et seulement s'il existe une suite croissante de temps d'arrêt $(T_n)_{n \in \mathbb{N}}$, tendant stationnairement vers $+\infty$, telle que les $H 1_{]0,T_n]}$ soient dM-intégrables et d'intégrales dans $\mathcal{L}^2$.

Ceci permet de voir que les équivalences de (3.2) subsistent dans ce cadre d'intégrabilité : si M, M' sont deux martingales équivalentes sur un ouvert A de $\overline{\mathbb{R}}_+ \times \Omega$, H et H' deux processus optionnels égaux sur A, si H est dM-intégrable, et H' dM'-intégrable, alors $H \bullet M$ et $H' \bullet M'$ sont équivalentes sur A. Prenons en effet $H_n = H 1_{|H| \le n}$, $H'_n = H' 1_{|H'| \le n}$, qui sont encore égaux sur A. Si $H \bullet M$ et $H' \bullet M'$ sont dans $\mathcal{L}^2$, ils sont limites, dans $\mathcal{L}^2$, donc, pour λ-presque tout ω, pour tout t,

---

* M[1], théorème page 270, et théorème 16 page 341.

de suites partielles de $H_n \bullet M$, $H'_n \bullet M'$, équivalents sur A, donc ils sont encore équivalents. Si ensuite H est simplement dM-intégrable, H' simplement dM'-intégrable, il existe une suite croissante de temps d'arrêt $(T_n)_{n\in\mathbb{N}}$, tendant stationnairement vers $+\infty$, telle que $(H \bullet M)^{T_n} = H1_{]0,T_n]} \bullet M$ et $(H' \bullet M')^{T_n} = H'1_{]0,T_n]} \bullet M'$ soient dans $\mathcal{L}^2$ et équivalents sur A, donc $H \bullet M$ et $H' \bullet M'$ le sont aussi.

Un processus est intégrable par rapport à une somme finie de martingales orthogonales si et seulement s'il l'est pour chacune d'elles ; idem pour négligeable.

On montre que le sous-espace stable $\mathcal{M}(M)$ engendré par une martingale M est exactement l'ensemble des intégrales stochastiques $H \bullet M$, H optionnelle dM-intégrable ; si $N \in \mathcal{M}(M)$, H est la densité optionnelle de $d\langle N,M\rangle$ par rapport à $d\langle M,M\rangle$; H est unique à un ensemble dM-négligeable (ou $d\langle M,M\rangle$-négligeable) près*. Plus généralement, si N est quelconque, et si on appelle H la densité optionnelle de $d\langle N,M\rangle$ par rapport à $d\langle M,M\rangle$, H est dM'intégrable et $H \bullet M$ est la projection orthogonale de N sur $\mathcal{M}(M)$, $N - (H \bullet M)$ est orthogonale à M donc à $\mathcal{M}(M)$, et $N = (H \bullet M) + (N - (H \bullet M))$ dans la décomposition $\mathcal{L} = \mathcal{M}(M) \oplus \mathcal{M}(M)^+$. Si $M_1, M_2, \dots, M_m$ sont des martingales <u>deux à deux orthogonales</u>, toute martingale N s'exprime comme $(H_1 \bullet M_1 + H_2 \bullet M_2 + \dots + H_m \bullet M_m) + P$, où H_k est la densité optionnelle de $d\langle N,M_k\rangle$ par rapport à $d\langle M_k,M_k\rangle$, et où P est orthogonale aux M_k ; si $\mathcal{M}(M_1,M_2,\dots,M_2)$ est le sous-espace stable engendré par les M_k, cela donne la décomposition de N suivant la somme directe $\mathcal{M}(M_1,M_2,\dots,M_m) \oplus \mathcal{M}(M_1,M_2,\dots,M_m)^+$; cela prouve (en faisant $P = 0$) que les martingales de $\mathcal{M}(M_1,M_2,\dots,M_m)$ sont celles qui s'écrivent $\sum_k H_k \bullet M_k$, H_k dM_k-intégrable, ou encore que
$\mathcal{M}(M_1,M_2,\dots,M_m) = \mathcal{M}(M_1) \oplus \mathcal{M}(M_2) \oplus \dots \oplus \mathcal{M}(M_m)$, somme directe orthogonale.

---

* Voir M[1], théorème 29 page 272.

Soient enfin $M_1, M_2, \dots, M_m$, m <u>martingales quelconques</u>. Le sous-espace engendré $\mathcal{M}(M_1, M_2, \dots, M_m)$ peut encore être engendré par $n \leq m$ martingales orthogonales, par la <u>méthode d'orthogonalisation de Schmidt</u> : on prend $N_1 = M_1$, $N_2 = M_2 - M_2'$, M_2' projection orthogonale de M_2 sur $\mathcal{M}(N_1), \dots, N_k = M_k - M_k'$, M_k' projection orthogonale de M_k sur $\mathcal{M}(N_1, N_2, \dots, N_{k-1}), \dots$; les N_k sont deux à deux orthogonales, elles engendrent les M_k et les M_k les engendrent, et leur nombre est $n \leq m$, parce que certaines d'entre elles peuvent s'annuler. Alors on aura $\mathcal{M}(M_1, M_2, \dots, M_m) = \mathcal{M}(N_1, N_2, \dots, N_n) = \mathcal{M}(N_1) \oplus \mathcal{M}(N_2) \oplus \dots \oplus \mathcal{M}(N_n)$. On observera qu'une martingale de $\mathcal{M}(M_1, M_2, \dots, M_m)$ <u>n'est pas en général une somme</u> $H_1 \bullet M_1 + \dots + H_n \bullet M_m$, <u>lorsque</u> $M_1, M_2, \dots, M_m$ <u>ne sont pas orthogonales</u>. Ainsi, si L_1, L_2 sont orthogonales et si on pose $M_1 = L_1$, $M_2 = L_2 - L_1$, $\mathcal{M}(M_1, M_2) = \mathcal{M}(L_1, L_2)$; cependant, si H_1 est dL_1-intégrable et H_2 dL_2-intégrable, et si $H_1 \bullet L_1 + H_2 \bullet L_2$ s'écrivait $K_1 \bullet M_2 + K_2 \bullet M_2$, K_1 devrait être dM_1-intégrable, c-à-d. dL_1-intégrable, et K_2 devrait être dM_2-intégrable, c-à-d. dL_1 et dL_2-intégrable ; on devrait alors avoir $H_1 \bullet L_1 + H_2 \bullet L_2 = K_1 \bullet L_1 + K_2 \bullet (L_2 - L_1) = (K_1 - K_2)L_1 + K_2 \bullet L_2$, donc $H_1 = K_1 - K_2$ dL_1-ps., $H_2 = K_2$ dL_2-ps. ; donc H_2, fonction dL_2-intégrable arbitraire, devrait être dL_2-ps. égale à une fonction K_2 dL_1-intégrable, ce qui n'est pas le cas en général. Toutefois le procédé d'orthogonalisation de Schmidt montre que $N_1 = M_1$, N_2 est une somme d'intégrales stochastiques par rapport à N_1, M_2, puis N_3 une somme d'intégrales stochastiques par rapport à N_1, N_2, M_3, ..., et finalement toute martingale de $\mathcal{M}(M_1, M_2, \dots, M_m)$ est une somme d'intégrales stochastiques par rapport à $N_1, N_2, \dots, N_n$. Autrement dit, <u>toute martingale</u> $\in \mathcal{M}(M_1, M_2, \dots, M_m)$ <u>s'obtient en effectuant un nombre fini de fois, à partir</u> de $M_1, M_2, \dots, M_m$, <u>la formation d'une somme finie d'intégrales stochastiques</u>.

Un sous-espace stable $\mathcal{M}$ de $\mathcal{L}$ admet un nombre <u>minimum</u> (en général infini) de générateurs orthogonaux (voir remarque après Corollaire (6.6)) ; mais pas un nombre <u>fixe</u> de générateurs orthogonaux. Par exemple, si M est une martingale, et si $A_1, A_2, \ldots, A_n$ sont des ensembles optionnels disjoints non dM-négligeables, l'espace $\mathcal{M}(M)$ est engendré par M, mais aussi par $1_{A_1} \bullet M, 1_{A_2} \bullet M, \ldots, 1_{A_n} \bullet M$, n martingales deux à deux orthogonales.

Nous allons maintenant étudier les semi-martingales (continues) à valeurs dans des variétés. Si X est une telle semi-martingale, les différents processus qu'on souhaiterait lui attacher comme au § 1 n'existent plus : X^d, X^c n'ont pas de sens, d'ailleurs $X^d + X^c$ n'aurait pas de sens non plus, il n'y a pas d'addition sur une variété. Cependant $<X^c, X^c>$ existe à une "équivalence" près ; si on considère un plongement propre de X dans un espace vectoriel $E = \mathbb{R}^d$, si X_i, $i = 1,2,\ldots d$, sont des coordonnées de X, on peut poser
$<X^c, X^c> = <X_1^c, X_1^c> + \ldots + <X_d^c, X_d^c>$. Si alors f est une fonction de classe C^2 sur V, donc prolongeable à E, la formule d'Itô montre que
$(f \circ X)^c = \sum_{i=1}^{d} \left(\frac{\partial f}{\partial x_i} \circ X\right) \bullet X_i^c$, donc

$$<(f \circ X)^c, (f \circ X)^c> = \sum_{i,j} \left(\frac{\partial f}{\partial x_i} \circ X\right)\left(\frac{\partial f}{\partial x_j} \circ X\right) \bullet <X_i^c, X_j^c> \quad ;$$

mais les $\frac{\partial f}{\partial x_i} \circ X$ sont optionnels localement bornés(17), puis

$$d<X_i^c, X_j^c> \leq \frac{1}{2} \left(d<X_i^c, X_i^c> + d<X_j^c, X_j^c>\right) \quad ,$$

de sorte que $\qquad <(f \circ X)^c, (f \circ X)^c> = H \bullet <X^c, X^c> \quad ,$

où H est optionnelle localement bornée. On peut prendre pour f maintenant une fonction vectorielle, définissant un autre plongement de V dans un espace vectoriel. On déduit de là que, si $<X^c, X^c>_{(1)}$ et $<X^c, X^c>_{(2)}$ sont les $<X^c, X^c>$ définis à partir de deux plongements de V, ce sont des "mesures équivalentes" : chacune est intégrale stochastique, par rapport à l'autre, d'une fonction optionnelle > 0 localement bornée et aussi localement bornée inférieurement. On ne peut donc pas parler de $<X^c,X^c>$, mais on peut parler de la classe de mesures $d<X^c,X^c>$. Nous ne le ferons pas, et nous nous occuperons ici des parties martingales X^c elles-mêmes.

Définition-Proposition (6.1) : Soit X une semi-martingale à valeurs dans une variété V de dimension N. On appelle $\mathcal{M}(X)$ le plus petit sous-espace stable de martingales réelles contenant toutes les $(\varphi \circ X)^c$, φ fonctions réelles C^2 sur V. Il est le sous-espace stable engendré par les composantes de X^c pour n'importe quel plongement de V dans un $\mathbb{R}^d$; il peut être engendré par $m \leq 2N+1$ martingales orthogonales. Si f est une application C^2 de V dans une variété W, $\mathcal{M}(f \circ X) \subset \mathcal{M}(X)$.

Remarque : Nous verrons à (6.5) que $2N+1$ peut être remplacé par N. Par contre, en général, on ne pourra pas engendrer $\mathcal{M}(X)$ par $m < N$ martingales orthogonales. Prenons simplement le cas où $V = \mathbb{R}^N$, et où X est le mouvement brownien canonique à valeurs dans $\mathbb{R}^N$. Il est engendré par N mouvements browniens réels, orthogonaux, indépendants, ses composantes $X_k = B_k$, $k = 1,2,\ldots,N$. Supposons qu'il puisse être aussi engendré par $m < N$ martingales orthogonales N_ℓ, $\ell = 1,2,\ldots,m$. On aura $B_k = \sum_\ell \alpha_{k,\ell} \cdot N_\ell$. Les relations $<B_k,B_{k'}>_t = \delta_{k,k'} t$ donnent :

$$\text{pour } k \neq k' : \quad \sum_{\ell=1}^{m} (\alpha_{k,\ell}\, \alpha_{k',\ell})_t \; d<N_\ell,N_\ell>_t = 0$$

$$\text{pour tout } k : \quad \sum_{\ell=1}^{m} (\alpha_{k,\ell})_t^2 \; d<N_\ell,N_\ell>_t = dt \quad .$$

Cela veut dire que, si on écrit $d<N_\ell,N_\ell>_t = \beta_\ell^2\, dt + d\,\nu_\ell$, ν_ℓ étrangère à la mesure de Lebesgue, tous les $\alpha_{k,\ell}\, d\nu_\ell$ sont nuls, on peut donc négliger les ν_ℓ, et il reste :

$$k \neq k' \quad : \quad \sum_{\ell=1}^{m} \alpha_{k,\ell}\, \alpha_{k',\ell}\, \beta_\ell^2 = 0$$

$$\forall k \quad : \quad \sum_{\ell=1}^{m} (\alpha_{k,\ell})^2\, \beta_\ell^2 = 1 \quad .$$

Ceci est vrai pour λ-presque tout ω, pour Lebesgue-presque tout t. Prenons un (t,ω) pour lequel ces relations sont vraies. Elles signifient que, dans $\mathbb{R}^m$, $m<N$, les N vecteurs $u_k = (\alpha_{k,\ell}\ \beta_\ell)_{\ell=1,2,\ldots,m}$, où $k=1,2,\ldots,N$, sont orthogonaux et unitaires, ce qui est absurde.

Démonstration : Considérons un plongement propre de V dans $\mathbb{R}^d$. Toute fonction φ de classe C^2 sur V, est prolongeable à l'espace $\mathbb{R}^d$ entier. Par Itô, $(\varphi \circ X)^c = (\varphi' \circ X) \bullet X^c$, donc toutes les $(\varphi \circ X)^c$ appartiennent au sous-espace stable engendré par les composantes de X^c, ce qui prouve bien que $\mathcal{M}(X)$ est engendré par ces composantes, donc il peut être engendré par 2N+1 martingales. En outre, si $f : V \to W$, et si φ est une fonction C^2 sur W, $\varphi \circ f$ est une fonction C^2 sur V, donc $\mathcal{M}(f \circ X) \subset \mathcal{M}(X)$.

Proposition (6.2) - Théorème IX : 1) Soit X une semi-martingale à valeurs dans une variété V de dimension N. Soit $(M_k)_{k=1,2,\ldots,m}$ un système de martingales réelles orthogonales, engendrant un sous-espace stable $\supset \mathcal{M}(X)$. Il existe des processus optionnels tangents $(H_k)_{k=1,2,\ldots,m}$ ayant les propriétés suivantes : $H_k(t,\omega)$ est dans l'espace tangent à V au point $X(t,\omega)$, $H_k(t,\omega) \in T(V;X(t,\omega))$; H_k est dM_k-intégrable, i.e. $\int_{]0,+\infty]} |H_k|_s^2\, d\langle M,M\rangle_s < +\infty$ ps. (pour n'importe quelle structure riemannienne continue sur V) ; pour toute application f de classe C^2 de V dans un espace vectoriel F, on a la formule

(6.2 bis)

$$(f \circ X)^c = \sum_{k=1}^{m} (f' \circ X)\, H_k \bullet M_k \quad ,$$

ou

$$(f \circ X)_t^c = \sum_{k=1}^{m} \int_{]0,t]} f'(X_s)(H_k)_s\, d(M_k)_s \quad .$$

Noter que $f'(X(s,\omega)) \in \mathcal{L}(T(V;X(s,\omega));F)$, $H_k(s,\omega) \in T(X(s,\omega))$, *donc* $f'(X(s,\omega))H_k(s,\omega) \in F$, *et l'intégrale est bien dans* F. *Chaque* H_k *est unique à un ensemble* dM_k*-négligeable près* (3.7).

Si f *est un plongement de* V *dans un espace vectoriel* E, *identifiant* V *à un sous-espace de* E *mais aussi tous les espaces tangents* $T(V;v)$ *à des sous-espaces de* E, *la formule* (6.2 bis) *devient*

(6.2 ter) $$X^c = \sum_{k=1}^{m} H_k \cdot M_k \quad , \text{ à valeurs dans } E.$$

Cette formule étant vraie pour tout plongement, on l'écrira telle quelle directement, sans avoir besoin de plonger V. *Avec cette écriture, si* f *est une application de classe* C^2 *de* V *dans* W, *on sait que* $f \circ X$ *est une semi-martingale à valeurs dans* W *et que* $\mathcal{M}(f \circ X) \subset \mathcal{M}(X)$, *donc les* M_k *engendrent encore un espace stable* $\supset \mathcal{M}(f \circ X)$; *la représentation* (6.2 ter) *devient, pour* $f \circ X$, *ce qui a été écrit en* (6.2 bis) *pour* f *à valeurs dans un espace vectoriel.*

2) *Si, dans un ouvert* A *de* $\overline{\mathbb{R}}_+ \times \Omega$, X *prend ses valeurs dans une sous-variété* V' *de* V, H_k *est tangent à* V' dM_k*-presque partout sur* A ; *si, en outre,* Y *est une semi-martingale à valeurs dans une variété* W, *si* f *est une application* C^2 *de* V' *dans* W, *si* $Y = f \circ X$ *sur* A, *et si* $(M_k)_{k=1,\dots,m}$ *est un système de martingales orthogonales engendrant à la fois* $\mathcal{M}(X)$ et $\mathcal{M}(Y)$, $X = \sum_{k=1}^{m} H_k \cdot M_k$, $Y = \sum_{k=1}^{m} H'_k \cdot M_k$, *alors* $H'_k = (f' \circ X)H_k$, dM_k*-presque partout sur* A.

3) *Si* $(N_\ell)_{\ell=1,2,\dots,n}$ *est un autre système de martingales orthogonales engendrant un espace stable* $\supset \mathcal{M}(X)$, *on aura une autre représentation* $X = \sum_{\ell=1}^{n} K_\ell \cdot N_\ell$. *Si l'on a des formules* $M_k = \sum_{\ell=1}^{n} \alpha_{k,\ell} \cdot N_\ell$, *où* $\alpha_{k,\ell}$ *est* dN_ℓ*-intégrable, ce qui sera toujours le cas si les* M_k *engendrent exactement* $\mathcal{M}(X)$, *i.e. sont dans* $\mathcal{M}(X)$, *alors on aura* $K_\ell = \sum_{k=1}^{m} \alpha_{k,\ell} H_k$, dN_ℓ*-pp.*

Démonstration : 1) L'unicité des H_k est évidente, puisque, pour un plongement, on a (6.2 ter). Montrons l'existence.

Prenons un plongement propre de V dans E de dimension d. Les coordonnées de X^c sont dans $\mathcal{M}(X)$, donc il existe des processus à valeurs dans E uniques H_k, tels que (6.2 ter) (puisque les M_k sont orthogonales et engendrent au moins $\mathcal{M}(X)$). Chaque H_k est dM_k-intégrable. Nous devons montrer que $H_k(s,\omega) \in T(V;X(s,\omega))$, pour λ-presque tout ω, pour $d\langle M_k,M_k\rangle$-presque tout s. Nous ne le ferons que plus tard, à 3).

2) Si f est une application C^2 de V dans un espace vectoriel F, elle est prolongeable à E, et on a alors (6.2 bis) par Itô, avec $(f \circ X)^c = (f' \circ X) \cdot X^c$. Quand on aura montré que $H_k(s,\omega) \in T(V;X(s,\omega))$, cela donnera aussi (6.2 bis) pour f de classe C^2 de V dans W, en plongeant W dans un espace vectoriel.

Montrons maintenant que les H_k sont tangents. Il existe une suite $(V'_n)_{n\in\mathbb{N}}$ d'ouverts de V, $V'_n = V \cap U'_n$, U'_n ouvert de E, tels que, dans chaque U'_n, V soit définie exactement par $d-N = r$ équations C^2 indépendantes, $f_{n,1} = 0,\dots,f_{n,r} = 0$. Soit $(U''_n)_{n\in\mathbb{N}}$ un système subordonné, tel que les $V''_n = V \cap U''_n$ recouvrent encore V. Soit $\overline{f}_{n,i}$ une fonction C^2 sur E tout entier, égale à $f_{n,i}$ dans U''_n. Chaque fonction $\overline{f}_{n,i} \circ X$ est nulle dans $X^{-1}(V''_n)$, donc sa composante martingale

$(\overline{f}_{n,i} \circ X)^c = (\overline{f}'_{n,i} \circ X) \cdot X^c = \sum_{k=1}^{m} (\overline{f}'_{n,i} \circ X) H_k \cdot M_k$ est équivalente à 0 dans $X^{-1}(V''_n)$; donc chaque $(\overline{f}'_{n,i} \circ X)H_k$ est dM_k-pp. nulle dans $X^{-1}(V''_n)$. Mais les $\overline{f}'_{n,i}(X(s,\omega))$ forment exactement une base de l'espace des covecteurs $\in E^*$ (dual de E) orthogonaux à $T(V;X(s,\omega))$. Donc les relations précédentes signifient exactement que $H_k(s,\omega) \in T(V;X(s,\omega))$ dM_k-ps. dans $X^{-1}(V''_n)$, donc dans leur réunion $\overline{\mathbb{R}}_+ \times \Omega$.

3) Supposons que, dans $A \subset \overline{\mathbb{R}}_+ \times \Omega$, X prenne ses valeurs dans une sous-variété V' de V, de dimension N'. On y remplacera partout V par V' dans 2), V'_n sera un ouvert de V', $V'_n = V' \cap U''_n$, etc. Les $f_{n,i} = 0$

seront des équations de V' dans U'_n, i = 1,2,..., r' = d - N'. On remplacera ensuite $X^{-1}(V''_n)$ par $A \cap X^{-1}(V''_n)$, on trouvera ainsi que $H(s,\omega) \in T(V';X(s,\omega))$ dM_k-pp. dans $A \cap X^{-1}(V''_n)$, donc par réunion dénombrable dans A.

Plaçons-nous dans la situation de la fin de 2). Supposons W plongée dans un espace vectoriel F. Alors f est une fonction C^2 sur V' à valeurs dans F. V' est fermée dans un ouvert convenable V" de V, et f admet un prolongement $\overline{f}$, encore C^2, de V" dans F. Alors, si $(V'''_n)_{n \in \mathbb{N}}$ est une suite d'ouverts subordonnés à V", recouvrant V", pour tout n, il existera une fonction $\overline{\overline{f}}_n$ sur V tout entière, à valeurs dans F, égale à $\overline{f}$ sur V'''_n. Les fonctions Y et $\overline{\overline{f}}_n \circ X$ sont égales sur $B_n = A \cap X^{-1}(V'''_n)$. Donc $Y^c \sim (\overline{\overline{f}}_n \circ X)^c$ sur B_n. Si l'on a des représentations $X^c = \sum_k H_k \cdot M_k$, et $Y^c = \sum_k H'_k \cdot M_k$ comme dans l'énoncé, on aura nécessairement, par (6.2 bis), $H'_k = (\overline{\overline{f}}'_n \circ X)H_k$ dM_k-pp. sur B_n, ou $= (f' \circ X)H_k$; et par réunion dénombrable, aussi dM_k-pp. sur A.

4) Soit $(N_\ell)_{\ell=1,2,...,n}$ un autre système de martingales orthogonales engendrant un sous-espace $\supset \mathcal{M}(X)$. Et supposons qu'il existe des relations $M_k = \sum_{\ell=1}^{n} \alpha_{k,\ell} \cdot N_\ell$, $\alpha_{k,\ell}$ dN_ℓ-intégrable, c-à-d.

$$\sum_{k,\ell} (\alpha_{k,\ell})_s^2 \, d\langle N_\ell, N_\ell\rangle_s < +\infty \quad \text{ps.}$$

Ce sera forcément vrai si les M_k engendrent exactement $\mathcal{M}(X)$ c-à-d. sont dans $\mathcal{M}(X)$ que les N_ℓ engendrent au moins. Alors (6.2 ter) donne $X^c = \sum_\ell K_\ell \cdot N_\ell$ mais aussi $X^c = \sum_k H_k \cdot M_k = \sum_k H_k \cdot (\sum_\ell \alpha_{k,\ell} \cdot N_\ell) = \sum_\ell (\sum_k H_k \alpha_{k,\ell}) \cdot N_\ell$, et l'unicité donne bien $K_\ell = \sum_{k=1}^{m} \alpha_{k,\ell} H_k$ dN_ℓ-presque sûrement. (Il n'y a pas de problèmes d'intégrabilité, car on a $\sum_k |H_k|_s^2 \, d\langle M_k, M_k\rangle_s < +\infty$ ps., donc $\sum_{k,\ell} |H_k|_s^2 |\alpha_{k,\ell}|_s^2 \, d\langle N_\ell, N_\ell\rangle_s < +\infty$ ps., et chaque $H_k \alpha_{k,\ell}$ est dN_ℓ-intégrable). La norme $|H_k|$ est prise pour n'importe quelle métrique riemannienne continue sur V (induite par E, par exemple) ; ces métriques sont toutes équivalentes sur un compact de V, et chaque trajectoire est compacte.

Intégrales stochastiques de processus cotangents.

Soit X une semi-martingale à valeurs dans une variété V. Soit J un processus optionnel cotangent, i.e. à valeurs dans le fibré cotangent T^*V, $J(s,\omega) \in T^*(V;X(s,\omega))$, dual de l'espace tangent $T(V;X(s,\omega))$. On peut espérer donner un sens à l'intégrale $\int_{]0,t]} (J_s | dX_s)$, dans la mesure où dX_s est "presque" un vecteur tangent au point $X(s,\omega)$ et $J(s,\omega)$ est un vecteur cotangent au point $X(s,\omega)$, l'intégrale étant alors à valeurs réelles. Mais dX_s n'est pas vraiment un vecteur tangent. On peut alors plonger V dans un espace vectoriel E ; mais il se produit une autre difficulté, c'est que $J(s,\omega)$ est dans $T^*(V;X(s,\omega))$ qui est un quotient du dual E^* de E, donc le produit scalaire $(J(s,\omega)|dX(s,\omega))$ n'a pas de sens non plus. On peut alors trouver un relèvement de $T^*(V;X(s,\omega))$ dans E^* ; plus généralement, il existe des relèvements θ, applications C^1, linéaires par fibre, de $T^*(V)$ dans $V \times E^*$, fibrés de base V, de façon que, pour tous $v \in V$, $\xi \in T^*(V;v)$, $e \in T(V;v)$, on ait $(\theta\xi | e)_{E^*,E} = (\xi | e)_{T^*(V;v),T(V;v)}$. De tels relèvements s'obtiennent localement par des cartes, puis globalement par des partitions de l'unité. Alors maintenant l'intégrale $\int_{]0,t]} (\theta J_s | dX_s)$ a un sens ; mais elle n'est pas indépendante du plongement $V \subset E$ choisi, ni du relèvement θ choisi. On peut voir sans grande difficulté, par Itô, qu'elle en est indépendante modulo un processus à variation finie de base $d\langle X^c, X^c \rangle$. En particulier la composante martingale (locale continue nulle en 0, comme toujours) est indépendante du procédé utilisé ; c'est d'ailleurs ce que nous montrerons à la remarque 1 après la proposition (6.3), dans des conditions plus précises. Mais nous utiliserons ici une autre méthode.

Proposition (6.3) - Théorème X : Soit X une semi-martingale à valeurs dans une variété V. Soit $X^c = \sum_{k=1}^{m} H_k \bullet M_k$ une représentation symbolique (6.2 ter), les M_k étant des martingales orthogonales engendrant un espace stable $\supset \mathcal{M}(X)$. Soit J un processus optionnel cotangent à valeurs dans $T^*(V)$, $J(s,\omega) \in T^*(V;X(s,\omega))$. On dit que J est dX^c-intégrable, si chaque $(J|H_k)$ (produit scalaire de dualité entre $T^*(V;V)$ et $T(V;v)$ en chaque point v de V) est dM_k-intégrable, et on définit son intégrale par

$$(6.3\ \text{bis}) \qquad J \bullet X^c = \sum_{k=1}^{m} (J|H_k) \bullet M_k \quad ,$$

martingale réelle. Alors l'intégrabilité et l'intégrale sont indépendantes du choix des M_k (comme H_k est dM_k-intégrable, un J optionnel localement borné est toujours dX^c-intégrable). Si J, J' sont deux processus cotangents égaux sur un ouvert A de $\overline{\mathbf{R}}_+ \times \Omega$, X, X' deux semi-martingales égales sur A, et si J est dX^c-intégrable, J' dX'^c-intégrable, alors $J \bullet X^c \sim J' \bullet X'^c$ sur A. Si f est une application C^2 de V dans une autre variété W, si K est un champ optionnel cotangent à valeurs dans $T^*(W)$, $K(s,\omega) \in T^*(W;f(X(s,\omega)))$, le processus K est $d(f \circ X)^c$-intégrable si et seulement si le processus $({}^t f' \circ X)K = K \circ f' \circ X$ est dX^c-intégrable, et leurs intégrales sont égales :

$$(6.3\ \text{ter}) \qquad K \bullet (f \circ X)^c = ({}^t f' \circ X)K \bullet X^c \quad (= (K \circ f' \circ X) \bullet X^c) \quad .$$

Remarque : La notation ${}^t f' \circ X$ de (6.3 ter) est abusive : ${}^t f'$ n'a pas de sens, mais seulement ${}^t f'(v)$, pour $v \in V$., ${}^t f'(v) \in \mathcal{L}(T^*(W;f(v));T^*(V;v))$.

Ici ${}^t f' \circ X$ est la fonction $(s,\omega) \mapsto {}^t f'(X(s,\omega)) \in \mathcal{L}(T^*(W;f(X(s,\omega)));$ $T^*(V;X(s,\omega)))$; comme $K(s,\omega) \in T^*(W;f(X(s,\omega)))$, on a bien $(({}^t f' \circ X)K)(s,\omega) = {}^t f'(X(s,\omega))K(s,\omega) \in T^*(V;X(s,\omega))$.

La notation $K \circ f' \circ X$ n'est guère meilleure. X est une application de $\overline{\mathbb{R}}_+ \times \Omega$ dans V, $X(s,\omega) \in V$; $f'(X(s,\omega))$, noté ici $(f' \circ X)(s,\omega) \in \mathcal{L}(T(V;X(s,\omega));T(W;f(X(s,\omega))))$; et $K(s,\omega) \in \mathcal{L}(T(W;f(X(s,\omega)));\mathbb{R})$, donc $(K \circ f' \circ X)(s,\omega) \in \mathbb{R}$! L'important est de s'y retrouver !

Démonstration : 1) Choisissons un système $(M_k)_{k=1,2,\ldots,m}$ engendrant exactement $\mathcal{M}(X)$, $X^c = \sum_{k=1}^{m} H_k \bullet M_k$, et définissons l'intégrabilité et l'intégrale par rapport à ce système, suivant l'énoncé. Soit J dX^c-intégrable d'après ce système, c-à-d. chaque $(J|H_k)$ dM_k-intégrable. Soit ensuite $(N_\ell)_{\ell=1,2,\ldots,n}$ un système orthogonal engendrant un espace stable $\supset \mathcal{M}(X)$. On a des formules (6.2), $M_k = \sum_{\ell=1}^{n} \alpha_{k,\ell} \bullet N_\ell$, et $X^c = \sum_\ell K_\ell \bullet N_\ell$, $K_\ell = \sum_k \alpha_{k,\ell} \bullet H_k$. Puisque $(J|H_k)$ est $d(\sum_\ell \alpha_{k,\ell} \bullet N_\ell)$-intégrable, et qu'il s'agit d'une somme orthogonale, il est $d(\alpha_{k,\ell} \bullet N_\ell)$-intégrable pour tout ℓ, donc $(J|H_k)\alpha_{k,\ell}$ est dN_ℓ-intégrable, donc $(J|K_\ell) = \sum_k (J|H_k)\alpha_{k,\ell}$ est dN_ℓ-intégrable ; et on a bien

$$J \bullet X^c = \sum_k (J|H_k) \bullet M_k = \sum_{k,\ell} (J|H_k) \bullet (\alpha_{k,\ell} \bullet N_\ell) = \sum_\ell \Big(\sum_k (J|H_k)\alpha_{k,\ell}\Big) \bullet N_\ell =$$

$$= \sum_\ell (J|K_\ell) \bullet N_\ell \quad .$$

Supposons inversement que J soit dX^c-intégrable par rapport au système des N_ℓ, c-à-d. chaque $(J|K_\ell)$ dN_ℓ-intégrable ; nous devons montrer qu'il est aussi intégrable par rapport au système des M_k, ce qui montrera l'indépendance de l'intégrabilité par rapport au système choisi, et ce que nous venons de voir montrera l'égalité des intégrales. J sera

dX^c-intégrable par rapport aux M_k, si chaque $(J|H_k)$ est dM_k-intégrable, ou chaque $(J|H_k)\alpha_{k,\ell}$ dN_ℓ-intégable, alors que notre hypothèse est seulement que $(J|K_\ell) = \sum_k (J|H_k)\alpha_{k,\ell}$ est dN_ℓ-intégrable. Posons $C = \sum_\ell \langle N_\ell, N_\ell\rangle$, de sorte qu'on peut écrire $\langle N_\ell, N_\ell\rangle = \beta_\ell^2 \bullet C$, β_ℓ optionnel. De

$\int_{]0,+\infty]} (\sum_k (J|H_k)\alpha_{k,\ell})^2 \beta_\ell^2 \, dC$ ou $\rho = \sum_\ell \int_{]0,+\infty]} (\sum_k (J|H_k)\alpha_{k,\ell})^2 \beta_\ell^2 \, dC < +\infty$

on veut déduire que chaque $\int (J|H_k)^2 \alpha_{k,\ell}^2 \beta_\ell^2 \, dC$ est fini, ou

$\sigma = \sum_{k,\ell} \int (J|H_k)^2 \alpha_{k,\ell}^2 \beta_\ell^2 \, dC < +\infty$.

Soit, pour tout k, u_k le vecteur de $\mathbb{R}^n$, $u_k = (\alpha_{k,\ell} \beta_\ell)_{\ell=1,2,\ldots,n}$. Puis $v_k = (J|H_k)u_k$. Alors

$$\rho = \int_{]0,+\infty]} \|\sum_k v_k\|^2 \, dC \quad , \quad \sigma = \int_{]0,+\infty]} \sum_k \|v_k\|^2 \, dC \quad .$$

Mais l'orthogonalité de M_k et de $M_{k'}$, pour $k' \neq k$, s'écrit

$\int_{]0,t]} \sum_\ell \alpha_{k,\ell} \alpha_{k',\ell} \, d\langle N_\ell, N_\ell\rangle = 0$ ou $\int_{]0,t]} \sum_\ell \alpha_{k,\ell} \alpha_{k',\ell} \beta_\ell^2 \, dC = 0$, ou

$\int_{]0,t]} (u_k|u_{k'})dC = 0$; dC-pp., u_k et $u_{k'}$ sont orthogonaux, donc aussi v_k et $v_{k'}$, et alors $\rho = \sigma$.

2) Considérons la situation J, J', X, X' décrite dans l'énoncé. Soit $(M_k)_{k=1,2,\ldots,m}$ un système de martingales orthogonales engendrant au moins $\mathcal{M}(X)$ et $\mathcal{M}(X')$. Puisque J est dX^c-intégrable et J' dX'^c-intégrable, chaque $(J|H_k)$ et chaque $(J'|H_k)$ est dM_k-intégrable, d'après 1), et l'on a

$$J \bullet X^c = \sum_k (J|H_k) \bullet M_k \quad , \quad J' \bullet X'^c = \sum_k (J'|H'_k) \bullet M_k \quad .$$

L'égalité de X et X' sur A entraîne par (6.2), 2)

que $H_k = H'_k$ dM_k-presque partout sur A ; alors $(J|H_k) = (J'|H'_k)$ dM_k-presque partout sur A, donc $J \bullet X^c \sim J' \bullet X'^c$ sur A. (Si V était un espace vectoriel au lieu d'une variété, ceci subsisterait même avec l'hypothèse $J = J'$ sur A, $X \sim X'$ sur A.)

3) La formule relative à K est évidente. On a $X^c = \Sigma H_k \cdot M_k$, $(f \circ X)^c = \Sigma(f' \circ X)H_k \cdot M_k$ ($f' \circ X$ est optionnel localement borné). Alors K est $d(f \circ X)^c$-intégrable ssi chaque $(K|(f' \circ X) H_k)$ est dM_k-intégrable, c-à-d. ssi chaque $(({}^t f' \circ X)K|H_k)$ l'est, c-à-d. ssi $({}^t f' \circ X)K$ est dX^c-intégrable ; et

$$K \cdot (f \circ X)^c = \sum_k (K|(f' \circ X)H_k) \cdot M_k$$

$$= \sum_k (({}^t f' \circ X)K|H_k) \cdot M_k = ({}^t f' \circ X)K \cdot X^c \quad .$$

Remarquons que les M_k engendrent un espace stable $\supset \mathcal{M}(f \circ X)$, pas forcément $\mathcal{M}(f \circ X)$ exactement, d'où l'importance d'avoir la formule de l'ingrale dans le cas général.

Remarques : 1) L'intégrale ainsi calculée est bien celle que nous avions annoncée avant (6.3), si J est optionnel localement borné [(17)]. En effet, dans ce cas, et avec les notations introduites alors :

$$(\theta J \cdot X)^c = \theta J \cdot X^c = \sum_{k=1}^{m} (\theta J|H_k) \cdot M_k = \sum_{k=1}^{m} (J|H_k) \cdot M_k \quad .$$

Mais cette méthode n'aurait pas permis de définir l'intégrale $J \cdot X^c$ dans le cas général d'intégrabilité de (6.3). En fait, il faut plutôt prendre les choses en sens inverse. Si X est une semi-martingale à valeurs dans un espace vectoriel E de dimension N et J un processus optionnel cotangent, c-à-d. à valeurs dans E^*, il est possible, par le théorème X, de donner un sens très général à l'intégrale $J \cdot X$, alors même que, si l'on prend des coordonnées, la somme $\sum_{i=1}^{N} J_i \cdot X_i$ n'aurait pas directement de sens, parce qu'aucun de ses termes n'a de sens.
On peut en effet écrire $X = X^d + X^c$; alors J sera dit dX-intégrable ssi elle est dX^d- et dX^c-intégrable. Pour dX^d, aucune difficulté ; les coor-

données de X^d sont des processus réels continus adaptés à variation finie, on choisit n'importe comment une mesure dominant toutes ces coordonnées, ce qui permet d'écrire $dX^d = V\,dC$, ou $X^d = V \bullet C$, où V est un processus optionnel à valeurs dans E, et où C est un processus adapté continu croissant ≥ 0. Alors J est dX^d-intégrable ssi $(J|V)$ est dC-intégrable, i.e. si $\int_{]0,+\infty]} (J|V)_s\, dC_s < +\infty$ ps., et on posera $(J \bullet X^d) = (J|V) \bullet C$, intégrale de Stieltjes ; l'intégrabilité et l'intégrale ne dépendront pas du choix de C.

Pour $J \bullet X^c$, on ne peut plus immédiatement faire de même ; mais précisément (6.2) permettra d'écrire $X^c = \sum_k H_k \bullet M_k$, où les H_k sont de processus optionnels à valeurs dans E, et où les martingales M_k sont orthogonales, et on définira $J \bullet X^c$ par (6.3 bis), $J \bullet X^c = \sum_k (J|H_k) \bullet M_k$, le procédé étant indépendant du choix des M_k.

2) Comme dans le cas des intégrales scalaires, J est dX^c-intégrable, et d'intégrale $J \bullet X^c$ dans $\mathcal{L}^2$, ssi

$$\|J \bullet X^c\|^2_{\mathcal{L}^2} = \mathbb{E} \int_{]0,+\infty]} \sum_k (J|H_k)^2_s \, d\langle M_k, M_k\rangle_s < +\infty \quad ;$$

c-à-d. ssi, en posant $J_n = J1_{|J| \leq n}$ ($|J|$ calculé pour n'importe quelle structure riemannienne continue sur V ; les J_n sont alors localement bornés), les $J_n \bullet X^c$ sont dans $\mathcal{L}^2$ et de normes bornées dans $\mathcal{L}^2$ indépendamment de n. Alors $J_n \bullet X^c$ converge vers $J \bullet X^c$ dans $\mathcal{L}^2$. Ensuite J est dX^c-intégrable, si et seulement s'il existe une suite croissante de temps d'arrêt $(T_n)_{n\in\mathbb{N}}$, tendant stationnairement vers $+\infty$, tels que, pour tout n, $J1_{]0,T_n]}$ soit dX^c-intégrable et d'intégrale dans $\mathcal{L}^2$.

3) Si φ est une fonction C^2 réelle sur V, la formule (6.3 ter), pour K = vecteur unitaire de $\mathbb{R}^* = \mathbb{R}$, s'écrit :
$(\varphi \circ X)^c = (\varphi' \circ X) \bullet X^c$, intégrale du processus cotangent optionnel loca-

lement borné $\varphi' \circ X$. On reconnaît l'écriture d'une formule d'Itô si $V = E$ espace vectoriel, et c'est alors bien elle d'après 2) ; mais elle s'écrit aussi pour V quelconque.

4) Soit α un processus réel optionnel. Comme dans le cas scalaire, si J est dX^c-intégrable, α est $d(J \bullet X^c)$-intégrable ssi αJ est dX^c-intégrable, et $\alpha \bullet (J \bullet X^c) = \alpha J \bullet X^c$. Car les deux reviennent à dire que, pour tout k, α est $d((J|H_k) \bullet M_k)$-intégrable ou que $\alpha(J|H_k)$ est dM_k-intégrable, et que les intégrales sont égales, dans l'hypothèse où chaque $(J|H_k)$ est dM_k-intégrable.

5) Soit $\tilde{V}$ un revêtement de V, $\tilde{X}$ un relèvement continu de X tel que $\tilde{X}_0$ soit $\mathcal{C}_0$-mesurable, de sorte que $\tilde{X}$ est une semi-martingale, (2.7). Alors X est l'image de $\tilde{X}$ par la projection ; si J est un processus cotangent à V suivant X, son image réciproque est $\tilde{J}$, cotangent à $\tilde{V}$ suivant $\tilde{X}$. Alors (6.3 ter) dit que J est dX^c-intégrable ssi $\tilde{J}$ est $d\tilde{X}^c$-intégrable, et que $J \bullet X^c = \tilde{J} \bullet \tilde{X}^c$.

6) <u>Intégrales stochastiques de formes différentielles</u>. Soit ϖ une forme différentielle de degré 1, sur V, borélienne, bornée sur tout compact de V. Alors c'est un champ de vecteurs cotangents, donc $\varpi \circ X$ est un processus cotangent optionnel localement borné, et on peut calculer $(\varpi \circ X) \bullet X^c$, intégrale stochastique de ϖ le long des trajectoires de X ; on n'a retenu en fait que la partie martingale de cette intégrale. Si elle est de classe C^1 et fermée, $d\varpi = 0$, elle est, sur le revêtement universel $\tilde{V}$ de V, la différentielle d'une fonction $\tilde{\varphi}$ de classe C^2. Alors 5) montre que l'intégrale se remonte, donc $(\varpi \circ X) \bullet X^c = (\tilde{\varpi} \circ \tilde{X}) \bullet \tilde{X}^c = (\tilde{\varphi} \circ \tilde{X})^c$.

7) En réalité, on peut souvent définir $J \bullet X$, et pas seulement $J \bullet X^c$, en utilisant l'intégrale de Stratonovitch. Bornons-nous au cas des processus continus. Un processus (sous-entendu continu, nous ne le redirons plus) de Stratonovitch est un processus qui,

localement, est fonction C^1 d'un nombre fini de semi-martingales (sous-entendu continues, nous ne le redirons plus)*. Les processus de Stratonovitch sont stables par les applications C^1. On peut alors, par l'analogue de la définition (1.2), définir un processus de Stratonovitch à valeurs dans une variété différentielle de classe C^1, et on aura l'analogue des propriétés signalées après (1.2) relatives à des applications C^1 ou à des sous-variétés C^1, et les analogues des propositions (2.4) et (2.6).

Soient X, Y des processus de Stratonovitch. On peut définir X^c, Y^c comme des martingales locales continues, et donc le crochet $[X,Y] = \langle X^c, Y^c\rangle$. On a les mêmes propriétés de localisation qu'au § 3. Si H est un processus de Stratonovitch, X une semi-martingale, on définit l'intégrale stochastique de Stratonovitch $H \underset{(S)}{\bullet} X$ comme $H \bullet X + \frac{1}{2}\langle H^c, X^c\rangle$. Elle a des propriétés analogues (si ce n'est que, si M est une martingale locale continue, $H \underset{(S)}{\bullet} M$ ne l'est plus). D'autre part, $H \bullet X$ est défini pour H optionnel localement borné, alors que $H \underset{(S)}{\bullet} X$ ne l'est que pour H de Stratonovitch, en particulier adapté <u>continu</u>. Si H et K sont de Stratonovitch, X une semi-martingale, $H \underset{(S)}{\bullet} (K \underset{(S)}{\bullet} X) = HK \underset{(S)}{\bullet} X$, et $(H \underset{(S)}{\bullet} X)^c = H \bullet X^c$. L'intérêt de l'intégrale de Stratonovitch est une nouvelle écriture de la formule de Itô, comme une formule <u>ordinaire</u> de changement de variables ; si X est une semi-martingale, f une fonction de classe C^2, $f' \circ X$ est un processus de Stratonovitch, et

$$\begin{aligned} f \circ X - f \circ X_0 &= (f' \circ X) \bullet X + \frac{1}{2} (f'' \circ X) \bullet \langle X^c, X^c\rangle \\ &= (f' \circ X) \bullet X + \frac{1}{2} \langle (f'' \circ X) \bullet X^c, X^c\rangle \\ &= (f' \circ X) \bullet X + \frac{1}{2} \langle (f' \circ X)^c, X^c\rangle \\ &= (f' \circ X) \underset{(S)}{\bullet} X \ . \end{aligned}$$

---

* Voir M[1], pages 354 et suivantes.

Soit alors V une variété différentielle de classe C^2, et soit X une semi-martingale à valeurs dans V. Soit J un processus cotangent $(J_{(t,\omega)} \in T(V;X(t,\omega))$, de Stratonovitch (en tant que processus à valeurs dans la variété $T^*(V)$ de classe C^1). On peut alors définir non seulement $J \cdot X^c$, mais $J \underset{(S)}{\cdot} X$ comme une semi-martingale, avec $(J \underset{(S)}{\cdot} X)^c = J \cdot X^c$. On procèdera comme il est dit à la remarque 1, ou avant la proposition (6.3), en plongeant V proprement dans un espace vectoriel et en appelant θ un relèvement C^1, linéaire par fibres, de T^*V dans $V \times E^*$ (fibrés au-dessus de V), et en posant $J \underset{(S)}{\cdot} X = \theta J \underset{(S)}{\cdot} X$. A cause de la formule d'Itô avec les intégrales de Stratonovitch, on peut montrer que le résultat est indépendant du plongement de V dans un espace vectoriel et du relèvement θ ; nous ne le ferons pas. En particulier, si (remarque 6) ϖ est une forme différentielle de degré 1, <u>de classe C^1</u>, $\varpi \circ X$ est un processus cotangent de Stratonovitch, et on peut définir $(\varpi \circ X) \underset{(S)}{\cdot} X$ comme une semi-martingale. La formule d'Itô montre que, si φ est une fonction réelle C^2 sur V, on a justement $\varphi(X) - \varphi(X_o) = (\varphi' \circ X) \underset{(S)}{\cdot} X$. Malgré l'intérêt possible de cette remarque, nous ne la développons pas, parce qu'il nous semble (voir théorème XI, ou théorème XV) que le principal intérêt de $J \cdot X^c$ était de pouvoir les utiliser avec des J optionnels, non continus, non nécessairement localement bornés, alors que $J \underset{(S)}{\cdot} X$ n'a de sens que pour J de Stratonovitch, ce qui est beaucoup plus restrictif.

<u>Proposition (6.4) - Théorème XI</u> : <u>Soit</u> V <u>de dimension</u> N, X <u>une semi-martingale à valeurs dans</u> V. <u>L'ensemble des</u> $J \cdot X^c$, <u>pour</u> J <u>processus cotangents optionnels</u> dX^c-<u>intégrables</u>, <u>est exactement</u> $\mathcal{M}(X)$. <u>Plus géné-</u>

ralement, si T_o^* est un système optionnel de sous-espaces vectoriels des espaces cotangents (i.e. $T_o^*(s,\omega)$ est un sous-espace vectoriel de $T^*(V;X(s,\omega))$), alors l'ensemble des $J \cdot X^c$, où J est optionnel cotangent dX^c-intégrable, $J(s,\omega) \in T_o^*(s,\omega)$, est un sous-espace stable $\mathcal{M}_o(X)$ de $\mathcal{M}(X)$.

Démonstration : 1) Toute $J \cdot X^c$ est de la forme $\sum_k (J|H_k) \cdot M_k$, où les M_k sont des martingales orthogonales génératrices de $\mathcal{M}(X)$, donc $J \cdot X^c \in \mathcal{M}(X)$. Mais, si φ est une fonction réelle de classe C^2 sur V, la remarque 3) qui précède dit que $(\varphi' \circ X) \cdot X^c$ est une martingale de la forme $J \cdot X^c$, donc l'ensemble étudié contient toutes les $(\varphi \circ X)^c$. Si nous démontrons qu'il est stable, ce sera alors le sous-espace stable $\mathcal{M}(X)$, d'après sa définition-même (6.1).

2) Démontrons donc que, plus généralement, $\mathcal{M}_o(X)$ est un sous-espace stable de l'espace des martingales.
On définit classiquement le fibré $Gr^*(V)$ des grassmanniennes cotangentes à V : $Gr^*(V;v)$ est la grassmannienne de $T^*(V;v)$. C'est une variété de classe C^1. Donc on peut parler d'un système optionnel $T_o^* : (s,\omega) \mapsto T_o^*(s,\omega) \in Gr^*(V;X(s,\omega))$, à valeurs dans la grassmannienne. Le plus simple est justement T^* lui-même. On démontre sans peine qu'un processus à valeurs dans la grassmannienne est optionnel si et seulement s'il existe une base optionnelle, $\eta_1,\eta_2,\dots,\eta_\delta$, où chaque η_i est un processus cotangent optionnel comme antérieurement, et où, pour tout (s,ω), les $\eta_i(s,\omega)$, $i = 1,2,\dots,\delta$, forment une base de $T_o^*(s,\omega)$. Mais il est au fond inutile de faire ici la démonstration de cette propriété, et on pourra bien la prendre comme définition d'un système optionnel de sous-espaces cotangents.

[Il est bien évident qu'il existe un champ borélien de bases des espaces cotangents: soit $(V'_n)_{n\in\mathbb{N}}$ un recouvrement ouvert de V par des domaines de cartes ; dans chaque carte, V'_n, on trouve aussitôt un champ C^1 de bases des espaces cotangents, $\varepsilon_{n,1}, \varepsilon_{n,2}, \dots, \varepsilon_{n,N}$, et on prendra comme champ borélien de bases $(\varepsilon_i)_{i=1,\dots,N}$: la base des $\varepsilon_{o,i}$ sur V'_o, celle des $\varepsilon_{1,i}$ sur $V' \setminus V'_o, \dots$, celle des $\varepsilon_{n,i}$ sur $V'_n \setminus V'_{n-1} \dots \setminus V'_o, \dots$. Alors $(\varepsilon_i \circ X)_{i=1,2,\dots,N}$ est un système optionnel de bases.]

(2,a) $\mathcal{M}_o(X)$ est trivialement un espace vectoriel ; il est stable par arrêts, car, si T est un temps d'arrêt, $(J \cdot X^c)^T = J1_{]0,T]} \cdot X^c$.

(2,b) Soit $(T_n)_{n\in\mathbb{N}}$ une suite croissante de temps d'arrêt tendant stationnairement vers $+\infty$, et soit N une martingale telle que toutes les martingales arrêtées N^{T_n} soient dans $\mathcal{M}_o(X)$; nous voulons montrer que $N \in \mathcal{M}_o(X)$. Il existe donc des processus optionnels cotangents J_n, $J_n(s,\omega) \in T^*_o(s,\omega)$, tels que $\sum_k (J_n|H_k) \cdot M_k = N^{T_n}$, avec $\int_{]0,+\infty]} (J_n|H_k)^2_s \, d\langle M_k,M_k\rangle_s < +\infty$ pour tous n et k. Soit $n' \geq n$. Alors $N^{T_{n'}} = N^{T_n}$ sur $[0,T_n]$; donc $\sum_k (J_{n'} - J_n|H_k) \cdot M_k = 0$ sur $[0,T_n]$; comme les M_k sont orthogonales, on a, pour tout k, $(J_{n'} - J_n|H_k) \cdot M_k = 0$ dans $[0,T_n]$; donc $(J_{n'} - J_n|H_k)$ est nul sur $[0,T_n]$, dM_k-ps. Si nous appelons J le processus qui vaut J_o dans $[0,T_o]$, J_1 dans $]T_o,T_1],\dots$, J_n dans $]T_{n-1},T_n],\dots$, J est optionnel, et vaut J_n dM_k-ps. dans $[0,T_n]$; donc

$$\int_{]0,T_n]} (J|H_k)^2_s \, d\langle M_k,M_k\rangle_s = \int_{]0,T_n]} (J_n|H_k)^2_s \, d\langle M_k,M_k\rangle_s < +\infty \quad ,$$

donc, les T_n tendant stationnairement vers $+\infty$, $\int_{]0,+\infty]} (J|H_k)^2_s \, d\langle M_k,M_k\rangle_s < +\infty$ ps. Donc $(J|H_k)$ est intégrable pour dM_k . Et $\sum_k (J|H_k) \cdot M_k = \sum_k (J_n|H_k) \cdot M_k = N^{T_n}$ dans $[0,T_n]$, donc $\sum_k (J|H_k) \cdot M_k = N$. Donc $N \in \mathcal{M}_o(X)$.

(2,c) Reste à montrer que $\mathcal{M}_o(X) \cap \mathcal{L}^2$ est fermé dans $\mathcal{L}^2$.

Soit $(N_n)_{n\in\mathbb{N}}$, une suite de martingales de $\mathcal{L}^2$, de la forme $N_n = \sum_k (J_n|H_k)\cdot M_k$, convergeant vers N dans $\mathcal{L}^2$, $J_n(s,\omega)\in T_o^*(s,\omega)$; nous devons montrer qu'il existe J, $J(s,\omega)\in T_o^*(s,\omega)$, tel que $N=\sum_k (J|H_k)\cdot M_k$. Posons $\Phi_{k,n}=(J_n|H_k)$. Soit m_k la mesure ≥ 0 localement finie, donc σ-finie, sur la tribu optionnelle, définie par

$$m_k(f) = \mathbb{E}\int_{]0,+\infty]} f_s \, d\langle M_k,M_k\rangle_s \quad ,$$

pour $f\geq 0$ optionnelle bornée. Pour un processus cotangent J', on a, par l'orthogonalité des M_k :

$$\|\sum_k (J'|H_k)\cdot M_k\|^2_{\mathcal{L}^2} = \sum_k \|(J'|H_k)\|^2_{\mathcal{L}^2(m_k)} \quad .$$

Autrement dit, la norme $\mathcal{L}^2$ de $J\cdot X^c$ est la norme de somme directe hilbertienne finie des espaces $L^2(m_k)$. Si donc les N_n convergent vers N dans $\mathcal{L}^2$, il existe (Fischer-Riesz, $L^2(m_k)$ est complet) des fonctions $\Phi_k\in L^2(m_k)$ telles que chaque $\Phi_{k,n}$ converge vers Φ_k dans $L^2(m_k)$ et $\sum_k \Phi_k\cdot M_k = N$. Et on veut montrer qu'il existe un processus cotangent optionnel J dX^c-intégrable, $J(s,\omega)\in T_o^*(s,\omega)$, tel que $(J|H_k)=\Phi_k$ pour tout $k=1,2,\ldots,m$. Par extraction d'une suite partielle, on peut supposer que $\Phi_{n,k}$ converge dm_k-pp. vers Φ_k. Soit (s,ω) un point de convergence. Abrégeons les notations en posant

$\Phi_{k,n}(s,\omega)=\varphi_{k,n}$, $\Phi_k(s,\omega)=\varphi_k$, $H_k(s,\omega)=h_k$, $J_n(s,\omega)=j_n$, $T_o^*(s,\omega)=\tau_o^*$; $k=1,2,\ldots,m$. Les $(j_n|h_k)$ convergent vers φ_k, pour tout k. On veut résoudre le système d'équations $(j|h_k)=\varphi_k$, $k=1,2,\ldots,m$. On cherche un $j\in\tau_o^*$, c-à-d. $j=j_1\eta_1+j_2\eta_2+\cdots+j_\delta\eta_\delta$, tel que $\sum_{i=1}^{\delta}\alpha_{k,i}\,j_i=\varphi_k$, $\alpha_{k,i}=(\eta_i|h_k)$, $k=1,2,\ldots,m$, c-à-d. la solution d'un système de m équations $(k=1,2,\ldots,m)$ à δ inconnues $(j_1,j_2,\ldots,j_\delta)$. Mais $j'\mapsto((j'|h_k))_{k=1,2,\ldots,m}$ est une application linéaire de τ_o^* dans $\mathbb{R}^m$, dont l'image est nécessairement fermée ; tous les

$(j_n|h_k)_{k=1,2,\ldots,m} = (\varphi_{k,n})_{k=1,2,\ldots,m}$ sont dans cette image, donc aussi leur limite $(\varphi_k)_{k=1,2,\ldots,m}$. Donc il existe bien un $j \in \tau_o^*$ tel que $(j|h_k) = \varphi_k$, $k = 1,2,\ldots,m$. Le système de m équations à δ inconnues a donc au moins une solution. Mais il faudra choisir une solution $J(s,\omega) = j$, telle que $J : (s,\omega) \mapsto J(s,\omega)$ soit optionnel dX^c-intégrable, avec $J \cdot X^c \in \mathcal{L}^2$. L'optionnalité est la seule difficulté. Car on aura $(J|H_k) = \Phi_k \in L^2(m_k)$, donc $\mathbb{E}\int_{]0,+\infty]} \sum_{k=1}^{m} (J|H_k)^2 \, d\langle M_k,M_k\rangle < +\infty$, donc J sera dX^c-intégrable, et $J \cdot X^c = \sum_k (J|H_k) \cdot M_k = \sum_k \Phi_k \cdot M_k = N \in \mathcal{L}^2$, et on aura bien prouvé que $\mathcal{M}_o(X) \cap \mathcal{L}^2$ est fermé dans $\mathcal{L}^2$. Nous trouverons j par la méthode explicite de résolution d'un système de m équations linéaires à δ inconnues. On peut partager l'espace $\mathbb{R}^{m\delta}$ des matrices (m,δ) en un nombre fini de parties boréliennes disjointes B_α, $\alpha \in A$, telles que, lorsque la matrice est dans B_α, un même déterminant mineur est $\neq 0$, tous ceux qui le bordent étant nuls (les B_α sont boréliens, parce que l'ensemble des matrices carrées de déterminant $\neq 0$ est ouvert). Dans chaque B_k, l'équation se résout, si elle a une solution, en donnant chaque coordonnée j_ℓ comme une fonction C^∞ des $(\alpha_{k,i})_{k,i} \in B_\alpha$ et des φ_k (quotient de deux déterminants). Nous prendrons ces solutions ; comme les η_ℓ, H_k, Φ_k, sont optionnelles, on trouve un J optionnel, cqfd.

Proposition (6.5) - Théorème XII : Soit, dans les conditions du théorème précédent, $(\eta_1,\eta_2,\ldots,\eta_\delta)$ un système de bases du processus optionnel T_o^* de sous-espaces cotangents, chaque η_i optionnel dX^c-intégrable. Alors le sous-espace stable $\mathcal{M}_o(X)$ du théorème précédent est engendré par les $\eta_i \cdot X^c$; en particulier, il peut être engendré par $m \leq \delta$ martingales réelles orthogonales, et $\mathcal{M}(X)$ par $m \leq N = \dim V$ martingales réelles orthogonales.

Démonstration : Supposons d'abord la base des η_i orthonormée, par rapport à une structure riemannienne continue choisie sur V. Tout processus J cotangent optionnel localement borné, $J(s,\omega) \in T_o^*(s,\omega)$, s'écrit $J = \sum_{i=1}^{\delta} (J|\eta_i)\eta_i$, ce produit scalaire $(.|.)$ étant défini par la structure riemannienne. Alors $J \circ X^c = \sum_{i=1}^{\delta} (J|\eta_i)\eta_i \bullet X^c = \sum_i (J|\eta_i) \bullet (\eta_i \bullet X^c)$ (remarque 4 après (6.3), lorsque tout est optionnel localement borné). Donc les $\eta_i \bullet X^c$ engendrent en tout cas tous les $J \bullet X^c$, pour J localement borné. Si J est optionnel intégrable et d'intégrale $J \bullet X^c \in \mathcal{L}^2$, on posera $J_n = J1_{|J| \leq n}$, alors $J_n \bullet X^c$ est engendré par les $\eta_i \bullet X^c$, mais $J \bullet X^c$ est limite dans $\mathcal{L}^2$ des $J_n \bullet X^c$, donc il est lui aussi engendré par eux. Si enfin J est optionnel dX^c-intégrable arbitraire, il existe une suite $(T_n)_{n \in \mathbb{N}}$ de temps d'arrêt tendant stationnairement vers $+\infty$, tels que les $J1_{]0,T_n]} \bullet X^c = (J \bullet X^c)^{T_n}$ soient dans $\mathcal{L}^2$ donc engendrées par les $\eta_i \circ X^c$, donc $J \bullet X^c$ l'est aussi. Ceci règle le cas d'une base orthonormée.

Soit maintenant une base arbitraire, optionnelle dX^c-intégrable, mais conservons la structure riemannienne ci-dessus. On remarquera d'abord que, si η est un processus optionnel dX^c-intégrable, et $\eta' = \eta/|\eta|$, $\eta' \bullet X^c$ est engendré par $\eta \bullet X^c$, car $\eta' \bullet X^c = \frac{1}{|\eta|} \bullet (\eta \bullet X^c)$; on est dans les conditions de la remarque 4 après (6.3), puisque η est dX^c-intégrable, et $\eta' \bullet X^c$ aussi puisque η' est de norme 1. Inversement d'ailleurs, $\eta \bullet X^c = |\eta| \bullet (\eta' \bullet X^c)$, donc $\eta \bullet X^c$ est aussi engendré par $\eta' \bullet X^c$. On peut donc supposer tous les η_i de norme 1. Soit alors $(\eta')_{i=1,\dots,\delta}$ la base orthonormalisée de Schmidt construite à partir de $(\eta_i)_{i=1,\dots,\delta}$; il nous faut montrer que les $\eta_i' \bullet X^c$ peuvent être engendrés par les $\eta_i \bullet X^c$. Ici $\eta_1' = \eta_1$. Supposons alors montré que les $\eta_i' \bullet X^c$, $i = 1,\dots,k-1$, sont engendrés par les $\eta_i \bullet X^c$, $i = 1,\dots,k-1$, et montrons la même chose pour k. On construit d'abord $\eta_k'' = \eta_k - \sum_{i=1}^{k-1} (\eta_k|\eta_i')\eta_i'$; alors $\eta_k'' \bullet X^c = \eta_k \bullet X^c - \sum_{i=1}^{k-1} (\eta_k|\eta_i') \bullet (\eta_i' \bullet X^c)$, tous les processus cotangents sont ici optionnels localement bornés ; donc η_k'' est bien engendré par les $\eta_i \bullet X^c$, $i=1,\dots,k$; mais $\eta'_k = \eta''_k / |\eta''_k|$, donc $\eta'_k \bullet X^c$ est engendré par $\eta''_k \bullet X^c$, ce qui démontre le résultat, par récurrence, pour $k=1,2,\dots,\delta$. Le reste en résulte aussitôt, car, à partir de δ ou de N martingales génératrices, on construit $m \leq \delta$ ou $m \leq N$ martingales orthogonales génératrices par orthogonalisation de Schmidt.

Martingales symboliques à valeurs dans le fibré tangent.

Nous avons représenté X^c par une expression symbolique $X^c = \sum_k H_k \bullet M_k$ (6.2 ter). Plus généralement, nous appellerons martingale symbolique ♦ à valeurs dans le fibré tangent à V, attachée à la semi-martingale X, et à un sous-espace stable $\mathcal{M}$ de martingales finiment engendré, une expression symbolique qui, pour tout système $(M_k)_{k=1,\dots,m}$ de martingales orthogonales engendrant un espace stable contenant $\mathcal{M}$, s'écrira $M = \sum_k H_k \bullet M_k$, où H_k sera optionnel dM_k-intégrable, à valeurs dans le fibré tangent : $H_k(s,\omega) \in T(V(s,\omega))$ (X intervient dans le point $X(s,\omega)$ de V dans cette formule). On conviendra que, si $(N_\ell)_{\ell=1,\dots,n}$ est un autre système de martingales orthogonales engendrant au moins $\mathcal{M}$, et si $M_k = \sum_{\ell=1}^{n} \alpha_{k,\ell} \bullet N_\ell$, alors $\sum_\ell K_\ell \bullet N_\ell$, où $K_\ell = \sum_k \alpha_{k,\ell} H_k$, représentera la même martingale symbolique. Il suffit alors de connaître les H_k pour un système de M_k engendrant exactement $\mathcal{M}$ pour le connaître pour tout système de martingales engendrant un espace stable $\supset \mathcal{M}$, et toutes ces formules seront cohérentes. On voit alors que, si J est un processus cotangent (i.e. $J(s,\omega) \in T^*(V;X(s,\omega))$ optionnel localement borné, on pourra définir une intégrale $J \bullet M$ par la formule $J \bullet M = \sum_k (J|H_k) \bullet M_k$, la formule étant indépendante de la représentation choisie pour M. On pourra alors aussi définir ce qu'est un processus J dM-intégrable,

---

♦ J'ignore si ces martingales symboliques peuvent servir à quelque-chose.

et définir encore sont intégrale. L'intégrale $J \bullet M$ sera toujours dans $\mathcal{M}$. On verra alors, exactement comme ci-dessus, que l'ensemble des $J \bullet M$, où J est dM-intégrable, est un sous-espace stable de $\mathcal{M}$, engendré par $m \leq N$ martingales orthogonales. Et, pour α réelle optionnelle, et J dM-intégrable, α est $(J \bullet M)$-intégrable ssi αJ est dM-intégrable, et $\alpha \bullet (J \bullet M) = \alpha J \bullet M$. Il y a une réciproque qui a l'avantage de ne pas mentionner $\mathcal{M}$:

Proposition (6.6) : Soit u une application linéaire de l'espace $\mathcal{J}$ des processus optionnels cotangents localement bornés attachés à X, dans l'espace $\mathcal{L}$ des martingales, et supposons que, pour toute fonction α réelle optionnelle localement bornée, $\alpha \bullet u(J) = u(\alpha J)$. Il existe alors une martingale symbolique unique M telle que $J \bullet M = u(J)$ pour tout J cotangent optionnel localement borné.

Démonstration : Soit $(\varepsilon_i)_{i=1,2,\dots,N}$ un champ borélien, borné sur tout compact de V, de bases des espaces cotangents, $(e_i)_{i=1,\dots,N}$ le champ des bases duales. Alors les $\varepsilon_i \circ X$ et $e_i \circ X$ sont optionnels localement bornés. Posons $N_i = u(\varepsilon_i \circ X)$. Les N_i peuvent être engendrées, par orthogonalisation de Schmidt, par un nombre fini $m \leq N$ de martingales orthogonales M_k, $k = 1,2,\dots,m$: $N_i = \sum_k \alpha_{i,k} \bullet M_k$, $\alpha_{i,k}$ processus réel optionnel dM_k-intégrable. Soit alors J un processus optionnel cotangent localement borné ; il peut s'écrire $J = \sum_{i=1}^{N} (J|e_i \circ X)(\varepsilon_i \circ X)$. On aura alors

$$u(J) = \sum_{i=1}^{N} (J|e_i \circ X) \bullet u(\varepsilon_i \circ X) = \sum_{i=1}^{N} (J|e_i \circ X) \bullet N_i$$

$$= \sum_{i=1}^{N} (J|e_i \circ X) \bullet \Big(\sum_{k=1}^{m} \alpha_{i,k} \bullet M_k\Big) = \sum_{k=1}^{m} (J|H_k) \bullet M_k \quad ,$$

où $H_k = \sum_{i=1}^{N} \alpha_{i,k}(e_i \circ X)$,

donc
$$u(J) = J \bullet M \quad , \quad M = \sum H_k \bullet M_k \quad ,$$

martingale symbolique.

L'unicité est très simple. Il faut montrer que si une martingale symbolique $\sum_k H_k \bullet M_k$ donne à tout J une intégrale nulle, elle est nulle. Or, si on reprend le processus de bases $J_i = \varepsilon_i \circ X$, on devra avoir pour tout i : $J_i \bullet M = \sum_k (J_i | H_k) \bullet M_k = 0$, donc, pour tout k : $(J_i | H_k) = 0$ dM_k-pp. pour tout i, ou $H_k = 0$ dM_k-pp. cqfd.

Remarquons alors que la formule (6.2 ter) montre qu'on peut considérer X^c elle-même comme une martingale symbolique. Remarquons aussi que, si f est une application C^2 de V dans une autre variété W, il existe une martingale symbolique image $f \circ M$, attachée à $f \circ X$, par $f \circ M = \sum_k (f' \circ X) H_k \bullet M_k$, et que, si K est un champ optionnel cotangent à W attaché à $f \circ X$, K sera $d(f \circ M)$-intégrable si et seulement si $({}^t f' \circ X)K$ est dM-intégrable, et qu'on a la formule (6.3 ter) :

$$({}^t f' \circ X) K \bullet M = K \bullet (f \circ M) \quad .$$

Equivalences et sous-espaces stables de $\mathcal{L}$.

On dit que deux espaces stables de martingales réelles sont équivalents sur un ouvert A de $\overline{\mathbb{R}}_+ \times \Omega$, si toute martingale de l'un est équivalente à une martingale de l'autre, suivant (3.3). On introduira, si A est ouvert optionnel, l'ensemble $\mathcal{M}_A = 1_A \bullet \mathcal{M}$ (ensemble des $1_A \bullet M$, pour $M \in \mathcal{M}$) ; c'est encore un espace stable ; $M \in \mathcal{M}_A$ ssi $M \in \mathcal{M}$ et $M = 1_A \bullet M$. $\mathcal{M}_A(X)$ est l'ensemble des $J \bullet X^c$, J optionnel cotangent dX^c-intégrable porté par A, car $J \bullet X^c = 1_A \bullet (J \bullet X^c)$ équivaut à $J \bullet X^c = J 1_A \bullet X^c$.

Si $A = \bigcup_n A_n$ est une réunion d'ouverts optionnels, $\mathcal{M}_A$ est engendré par les $\mathcal{M}_{A_n}$; c'est évident pour une réunion de deux, car, si $M \in \mathcal{M}_{A_1 \cup A_2}$, $M = 1_{A_1 \cup A_2} \bullet M = 1_{A_1} \bullet (1_{\complement A_2} \bullet M) + 1_{A_2} \bullet \mathcal{M} \in \mathcal{M}_{A_1} + \mathcal{M}_{A_2}$; ensuite pour une suite croissante, parce que, si $M \in \mathcal{M}_A \cap \mathcal{L}^2$, $M = 1_A \bullet M$ est la limite dans $\mathcal{L}^2$ des $1_{A_n} \bullet M \in \mathcal{M}_{A_n} \cap \mathcal{L}^2$, et que $\mathcal{M}_A \cap \mathcal{L}^2$ engendre $\mathcal{M}_A$.

Proposition (6.7) : 1) Il existe un plus grand ouvert d'équivalence de N à une martingale de $\mathcal{M}$, et il est optionnel. Si $\mathcal{M}$ et $\mathcal{N}$ sont finiment engendrés, il existe un plus grand ouvert d'équivalence de $\mathcal{M}$ et $\mathcal{N}$, et il est optionnel ; sans cette hypothèse, il reste vrai que si $A = \bigcup_n A_n$ est une réunion dénombrable d'ouverts, et si $\mathcal{M}$ et $\mathcal{N}$ sont équivalents sur chaque A_n, ils le sont sur A. Si A est ouvert optionnel, N est équivalente sur A à une martingale de $\mathcal{M}$, ssi $1_A \bullet N \in \mathcal{M}$, ou aussi $\in \mathcal{M}_A$; $\mathcal{M}$ et $\mathcal{N}$ sont équivalentes sur A ssi $\mathcal{M}_A = \mathcal{N}_A$.

2) Soit V' une sous-variété de V, f une application de classe C^2 de V' dans une variété W, A un ouvert de $\overline{\mathbb{R}}_+ \times \Omega$, X une semi-martingale à valeurs dans X, Y une semi-martingale à valeurs dans Y. Supposons que $X(A) \subset V'$ et que $Y = f \circ X$ sur A. Alors toute martingale de $\mathcal{M}(Y)$ est équivalente sur A à une martingale de $\mathcal{M}(X)$; si A est optionnel, $\mathcal{M}_A(Y) \subset \mathcal{M}_A(X)$.

3) Si f est une immersion de V dans une variété W, $\mathcal{M}(f \circ X) = \mathcal{M}(X)$. Si $\tilde{V}$ est un revêtement de V, $\tilde{X}$ un relèvement de X dans $\tilde{V}$ tel que $\tilde{X}_0$ soit $\mathcal{C}_0$-mesurable, $\mathcal{M}(\tilde{X}) = \mathcal{M}(X)$.

Démonstration : 1) Soit une décomposition en somme directe $\mathcal{L} = \mathcal{M}_1 \oplus \mathcal{M}_2$ de deux sous-espaces stables orthogonaux. Alors $M = M_1 + M_2$ et $N = N_1 + N_2$ sont équivalentes sur A si et seulement si $M_1 \sim N_1$ et $M_2 \sim N_2$ (parce qu'une somme $(M_1 - N_1) + (M_2 - N_2)$ de deux martingales orthogonales est ~ 0 ssi chacune l'est). Or $\mathcal{L} = \mathcal{M} \oplus \mathcal{M}^+$; donc N est équivalente à une martingale de $\mathcal{M}$ si et seulement si sa composante sur $\mathcal{M}^+$ est équivalente à 0 ; il existe donc bien un plus grand ouvert d'équivalence, qui est optionnel. D'où la conséquence sur $A = \bigcup_n A_n$. Cette conséquence subsiste alors pour l'équivalence de $\mathcal{M}$ et $\mathcal{N}$; mais cela n'entraîne pas nécessairement qu'il existe un plus grand ouvert d'équivalence de $\mathcal{M}$ et $\mathcal{N}$ sans hypothèse de finitude ou de dénombrabilité.

L'équivalence de N sur A ouvert optionnel à une martingale de $\mathcal{M}$ par $1_A \bullet N \in \mathcal{M}$, donc aussi $\in \mathcal{M}_A$, est simplement (3.8). Supposons alors que $\mathcal{M}$ soit engendré par m martingales réelles orthogonales $M_1, M_2, \ldots, M_m$. Soit A le plus grand ouvert d'équivalence de $M_1, M_2, \ldots, M_m$ à des martingales de $\mathcal{N}$; il est optionnel ; toute martingale M de $\mathcal{M}$ s'écrit $\sum_{k=1}^{m} H_k \bullet M_k$, H_k dM_k-intégrable ; chaque $1_A \bullet M_k$ est dans $\mathcal{N}$, donc aussi chaque $1_A \bullet (H_k \bullet M_k)$, donc $1_A \bullet M$, dont M est équivalente sur A à une martingale de $\mathcal{N}$. En raisonnant de même à partir de générateurs de $\mathcal{N}$, on voit bien qu'il existe un plus grand ouvert d'équivalence de $\mathcal{M}$ et $\mathcal{N}$ et qu'il est optionnel.

2) Nous avons vu à (6.2) que, dans la situation décrite ici et à (6.2), H_k est tangent à V' et $H'_k = (f' \circ X)H_k$, dM_k-pp. sur A. On peut supposer A optionnel, quitte à le remplacer par le plus grand ouvert de $X^{-1}(V')$ où $Y = f \circ X$. Soit alors K un processus cotangent à W, relativement à Y, optionnel dY^c-intégrable, <u>porté par A</u>. On a $(K|H'_k) = (K|(f' \circ X)H_k) = ((^t f' \circ X)K|H_k)$ dM_k-pp. ; posons $J = (^t f' \circ X)K$ sur A, 0 sur $\complement A$. J ainsi défini est un processus <u>cotangent à</u> V', <u>non à</u> V, <u>optionnel</u>. <u>Mais</u> X <u>n'est pas une semi-martingale à valeurs dans</u> V'. Chaque $T^*(V';v')$ est un quotient de $T^*(V;v')$, $v' \in V'$; il existe un relèvement linéaire du premier dans le second, qui varie C^1 avec v', d'où un relèvement J_o de J, J_o processus cotangent à V, optionnel. Il est dX^c-intégrable, car $(J_o|H_k) = (J|H_k) = (K|H'_k)$,

dM_k-intégrable et $K \bullet Y^c = \sum_k (K|H'_k) \bullet M_k = J_o \bullet X^c \in \mathcal{M}_A(X)$. Or les $K \bullet Y^c$ forment $\mathcal{M}_A(Y)$, donc $\mathcal{M}_A(Y) \subset \mathcal{M}_A(X)$; d'où l'on déduit le résultat sur l'équivalence.

3) Dans la situation 2), si f est un C^2-difféomorphisme de V'sur une variété W' de W, on peut raisonner dans les deux sens ; alors $\mathcal{M}(X)$ et $\mathcal{M}(f \circ X)$ sont équivalents sur A. Si f est une immersion de V dans une variété W, il existe un recouvrement dénombrable $(V'_n)_{n \in \mathbb{N}}$ de V, tel que f soit un C^2-difféomorphisme de V'_n sur son image, une sous-variété W'_n de W. On se trouve alors dans la situation précédente, donc $\mathcal{M}(f \circ X) \sim \mathcal{M}(X)$ sur $X^{-1}(V'_n)$; par réunion dénombrable, il y a encore équivalence sur $\overline{\mathbb{R}}_+ \times \Omega$, donc égalité. Le cas du revêtement résulte de (2.7) et de ce que la projection de $\tilde{V}$ sur V est une immersion.

*
* *
*

§ 7. SOUS-ESPACES STABLES DE MARTINGALES COMPLEXES.

SOUS-ESPACES STABLES ET INTEGRALES STOCHASTIQUES ASSOCIES A UNE SEMI-MARTINGALE CONFORME A VALEURS DANS UNE VARIETE $\mathbb{C}$-ANALYTIQUE.

Dans ce §, comme dans le précédent, semi-martingale voudra dire semi-martingale continue, martingale voudra dire martingale locale continue, nulle au temps 0. A partir de la proposition (7.1), V sera une variété $\mathbb{C}$-analytique sans bord.

D'autre part, $\mathcal{L}$ désignera ici l'espace vectoriel des martingales à valeurs complexes, c-à-d. le complexifié $\mathcal{L}_{\mathbb{R}} + i\mathcal{L}_{\mathbb{R}}$ de l'espace $\mathcal{L}_{\mathbb{R}}$ (noté $\mathcal{L}$ au § 6). On dira que M et N sont des martingales orthogonales, si, $<M,\overline{N}> = 0$ ($<.,.>$ est le crochet complexe du § 4). Un sous-espace stable $\mathcal{M}$ sera un $\mathbb{C}$-espace vectoriel de martingales complexes, ayant les propriétés de stabilité indiquées au § 6. On considèrera des intégrales stochastiques $H \cdot M$, H complexe ; H sera dit dM-intégrable si $\int_{]0,+\infty]} |H_s|^2 \, d<M,M>_s < +\infty$ ps. Si M est une martingale complexe, nous appellerons $\mathcal{M}(M)$ le $\mathbb{C}$-sous-espace stable engendré par Re M et Im M, tandis que nous appellerons $\mathcal{M}_{\mathbb{C}}(M) \subset \mathcal{M}(M)$ le sous-espace stable engendré par M ; de même pour $\mathcal{M}(M_1, M_2, \ldots, M_m)$ et $\mathcal{M}_{\mathbb{C}}(M_1, M_2, \ldots, M_m) \subset \mathcal{M}(M_1, M_2, \ldots, M_m)$. Soit alors V une variété (réelle) de classe C^2. L'espace $\mathcal{M}(X)$ sera le sous-espace stable engendré par les $(\varphi \circ X)^c$, φ fonctions complexes C^2 sur V. Il est donc le complexifié $\mathcal{M}_{\mathbb{R}}(X) + i\,\mathcal{M}_{\mathbb{R}}(X)$ de l'espace $\mathcal{M}_{\mathbb{R}}(X)$ (noté $\mathcal{M}(X)$ au § 6). Il peut être aussi engendré par les composantes de X^c dans un plongement de V dans un espace vectoriel réel. Il est engendré par des martingales réelles, et par $m \leq N$ martingales réelles orthogonales. Si $V = C = \mathbb{R}^2$ et $X = M$, on retrouve bien l'espace $\mathcal{M}(M)$ ci-dessus, engendré par Re M et Im M. L'espace tangent T(V;v) au point v de V ne sera jamais complexifié. Par contre on complexifiera l'espace cotangent : $T^*(V;v)$ désignera donc le $\mathbb{C}$-espace vectoriel $\mathcal{L}_{\mathbb{R}}(T(V;v);\mathbb{C})$ des applications $\mathbb{R}$-linéaires de $T(V;v)$ dans $\mathbb{C}$; c'est le complexifié $T^*_{\mathbb{R}}(V;v) + i\,T^*_{\mathbb{R}}(V;v)$ de l'espace $T^*_{\mathbb{R}}(V;v)$ (noté $T^*(V;v)$ au § 6). $T(V;v)$ a la dimension réelle N, $T^*(V;v)$ la dimension complexe N. Nous intègrerons les processus optionnels cotangents, donc $J(s,\omega) \in T^*(V;X(s,\omega))$; $J = J_1 + iJ_2$, J_1 et J_2 cotangents réels. Les $J \cdot X$, pour J dX^c-intégrables, constituent alors encore l'espace $\mathcal{M}(X)$, théorème XI. Un sous-espace stable de $\mathcal{L}$ pourra avoir des systèmes de générateurs parfois réels, parfois seulement complexes ; par exemple le sous-espace stable $\mathcal{M}_{\mathbb{C}}(M)$ engendré par une martingale conforme M, qui est l'ensemble des $H \circ M$, est entièrement formé de martingales conformes, donc ne contient aucune martingale réelle, sauf 0, mais l'espace $\mathcal{M}(X)$ associé à une semi-martingale X à valeurs dans une variété V de classe C^2 a un système de générateurs orthogonaux réels. C'est seulement un tel système réel que nous devrons prendre si nous voulons trouver les processus optionnels H_k à valeurs dans $T(V)$ de (6.2). [Si on avait pris des M_k complexes, en plongeant V dans un $\mathbb{R}$-espace vectoriel E, les H_k tels que $X^c = \sum_k H_k \cdot M_k$ seraient dans le complexifié $E + iE$ de E, et on montrerait seulement qu'ils sont dans le complexifié $T(V) + iT(V)$, ce que nous refusons.]

Nous avons défini les martingales conformes au § 4. Rappelons qu'elles ne forment pas un espace vectoriel. Nous nous intéresserons cependant spécialement aux sous-espaces conformes stables $\mathcal{M}$ de $\mathcal{L}$, c-à-d. entièrement formés de martingales conformes (ici à valeurs complexes, et nulles au temps 0).

D'autre part, si V est une variété $\mathbb{C}$-analytique(21), de dimension complexe $N_{\mathbb{C}}$ donc réelle $N_{\mathbb{R}} = 2N_{\mathbb{C}}$, son espace $\mathcal{M}(X)$ sera le précédent, donc de dimension complexe $2N_{\mathbb{C}}$. Son espace $T^*(V;v)$ sera le précédent, donc de dimension complexe $2N_{\mathbb{C}}$. Mais ici l'espace tangent réel $T(V;v)$ a aussi une structure complexe, de dimension complexe $N_{\mathbb{C}}$. Pour éviter à coup sûr toute confusion entre cette structure complexe dérivant de la structure analytique de V, et celle du complexifié de T(V) (que nous refusons), nous noterons par Π l'opérateur (qu'on ne veut pas noter i), opérant dans $T(V;v)$; Π est un opérateur $\mathbb{R}$-linéaire de $T(V;v)$ dans lui-même, de carré -1. On peut alors aussi considérer le sous-espace $T^*_{\mathbb{C}}(V;v)$ de de $T^*(V;v)$ des formes $\mathbb{C}$-linéaires sur $T(V;v)$, relativement à cette Π-structure Π-complexe, c-à-d. (Π,i)-linéaires ou commutant avec (Π,i) : $\xi \in T^*_{\mathbb{C}}(V;v)$ ssi, quel que soit $e \in T(V;v)$, $\xi(\Pi e) = i\,\xi(e)$; et le sous-espace $\overline{T^*_{\mathbb{C}}(V;v)}$ des formes antilinéaires, c-à-d. telles que $\xi(\Pi e) = -i\,\xi(e)$. $T^*_{\mathbb{C}}(V;v) = \mathcal{L}_{(\Pi,i)}(T(V;v);\mathbb{C})$. $T^*(V;v)$ est la somme directe de $T^*_{\mathbb{C}}(V;v)$ et $\overline{T^*_{\mathbb{C}}(V;v)}$, qui sont complexes conjugués l'un de l'autre dans $T^*(V;v)$; si $\xi \in T^*(V;v)$, ses deux composantes sont d'ailleurs $\frac{\xi - i\xi\circ\Pi}{2}$ et $\frac{\xi + i\xi\circ\Pi}{2}$. Un élément de $T^*_{\mathbb{C}}(V;v)$ s'appelle couramment un covecteur de type (1,0), un élément de $\overline{T^*_{\mathbb{C}}(V;v)}$ un covecteur de type (0,1). Nous les appellerons aussi un vecteur $\mathbb{C}$-cotangent et un vecteur anti-$\mathbb{C}$-cotangent. D'où aussi les espaces fibrés $T^*_{\mathbb{C}}(V)$ et $\overline{T^*_{\mathbb{C}}(V)}$, dont $T^*(V)$ est la somme directe fibrée. Puisque Π est $\mathbb{R}$-linéaire de $T(V;v)$ dans lui-même, il se transporte sur le dual non complexifié $T^*_{\mathbb{R}}(V;v)$, en prenant son contragrédient ${}^t\Pi^{-1}$, encore noté Π ; si alors J est un vecteur cotangent réel, $\Pi(J) = {}^t\Pi^{-1}(J) = J\circ\Pi^{-1} = -J\circ\Pi$, puisque $\Pi^{-1} = -\Pi$. On prolongera Π en un opérateur $\mathbb{C}$-linéaire du complexifié $T^*(V;v)$ de l'espace cotangent réel $T^*_{\mathbb{R}}(V;v)$, dans lui-même. Alors $T^*_{\mathbb{C}}(V;v)$ et $\overline{T^*_{\mathbb{C}}(V;v)}$ sont les sous-espaces propres de Π, pour les valeurs propres -i et +i. Prenons par exemple $V = \mathbb{C}$ lui-même. L'espace tangent (non complexifié) est le plan $\mathbb{R}^2$, muni de l'opérateur Π, rotation de $+\pi/2$; l'espace cotangent non complexifié est encore $\mathbb{R}^2$, muni de l'opérateur Π, qui est encore la rotation $+\pi/2$

(la transposée de la rotation $+\pi/2$ est la rotation $-\pi/2$, et la contragrédiente est de nouveau la rotation $+\pi/2$). L'espace cotangent complexifié est $\mathbb{R}^2 + i\,\mathbb{R}^2$, muni de l'opérateur $\mathbb{C}$-linéaire Π, rotation de $+\pi/2$, de valeurs propres i et -i. Une base de l'espace tangent est formé des dérivations $\frac{\partial}{\partial x}$, $\frac{\partial}{\partial y}$, avec $\Pi\frac{\partial}{\partial x} = \frac{\partial}{\partial y}$, $\Pi\frac{\partial}{\partial y} = -\frac{\partial}{\partial x}$. Il est aussi usuel de parler des dérivations $\frac{\partial}{\partial z} = \frac{1}{2}(\frac{\partial}{\partial x} - i\frac{\partial}{\partial y})$ et $\frac{\partial}{\partial \bar{z}} = \frac{1}{2}(\frac{\partial}{\partial x} + i\frac{\partial}{\partial y})$; nous nous permettrons bien sûr d'appliquer ces dérivations à des fonctions, comme nous leur appliquons n'importe quel opérateur différentiel à coefficients complexes, mais nous ne considérerons pas $\frac{\partial}{\partial z}$ et $\frac{\partial}{\partial \bar{z}}$ comme des éléments de $T(V)$, qui n'est jamais ici complexifié. Par contre, nous avons complexifié l'espace cotangent ; une base réelle est formée des différentielles dx, dy, $\Pi\, dx = dy$, $\Pi\, dy = -dx$; mais aussi des différentielles $dz = dx + i dy$, $d\bar{z} = dx - i dy$; $\Pi\, dz = -i dz$, $\Pi\, d\bar{z} = i d\bar{z}$, dz est $\mathbb{C}$-cotangente ou de type $(1,0)$, vecteur propre de Π pour la valeur propre $-i$, $d\bar{z}$ est anti-$\mathbb{C}$-cotangente ou de type $(0,1)$, vecteur propre de Π pour la valeur propre $+i$.

Alors qu'au § 5 nous avons donné des énoncés pour les martingales conformes à valeurs dans X, et signalé qu'ils s'appliquaient automatiquement aux semi-martingales conformes, ici au contraire tous les énoncés sont spécifiques aux semi-martingales conformes.

Proposition (7.1) - Théorème XIII : Soient V une variété $\mathbb{C}$-analytique sans bord, A un ouvert de $\overline{\mathbb{R}}_+ \times \Omega$, X une semi-martingale à valeurs dans V. Pour que X soit équivalente sur A à une semi-martingale conforme, il faut et il suffit que, pour tout J, processus optionnel $\mathbb{C}$-cotangent dX^c-intégrable, $J \cdot X^c$ soit équivalente sur A à une martingale conforme. Pour que X soit, sur $\overline{\mathbb{R}}_+ \times \Omega$, une semi-martingale conforme, il faut et il suffit que, pour tout J optionnel $\mathbb{C}$-cotangent dX^c-intégrable, $J \cdot X^c$ soit une martingale conforme. Même résultat pour les J anti-$\mathbb{C}$-cotangents.

Remarques : 1) Il faut que ce soit vrai pour tout J cotangent, $\mathbb{C}$-cotangent sur A, dX^c-intégrable, et il suffit que ce soit vrai pour J partout $\mathbb{C}$-cotangent, localement borné.

2) Ce résultat est très remarquable, car il donne une définition globale d'une semi-martingale conforme.

Démonstration : 1) Condition nécessaire. Supposons X équivalente sur A à une semi-martingale conforme. Soit V' un ouvert, φ une fonction C^2 sur V, à valeurs complexes, holomorphe sur V'. Le champ φ' est de classe C^1, et $\mathbb{C}$-cotangent sur V', et le processus $\varphi' \circ X$ est optionnel localement borné. Mais $(\varphi' \circ X) \cdot X^c$ n'est autre que $(\varphi \circ X)^c$; et on sait par la définition (5.1) que $(\varphi \circ X)^c$ est équivalente, sur $A \cap X^{-1}(V')$, à une martingale conforme. Le théorème est donc démontré pour un processus J de la forme particulière ci-dessus $\varphi' \circ X$, avec $A \cap X^{-1}(V')$ au lieu de A. Mais alors soit $(U'_n)_{n\in\mathbb{N}}$, $(E_n)_{n\in\mathbb{N}}$, $(\Phi_n)_{n\in\mathbb{N}}$, $(V'_n)_{n\in\mathbb{N}}$ un atlas de V, et $(V''_n)_{n\in\mathbb{N}}$ un atlas subordonné. Posons $f_n = \Phi_n^{-1}$, et soit $\overline{f}_n$ (on n'a aucun risque de confondre ici avec la complexe conjuguée de f_n) une fonction complexe sur V, à valeurs dans E_n, égale à f_n sur V''_n. Choisissons une base sur $E = \mathbb{C}^{N_{\mathbb{C}}}$, et soient $\overline{\varphi}_{n,i}$ les coordonnées complexes de $\overline{f}_n$ pour cette base. Alors les $\overline{\varphi}'_{n,i}$, égales aux $\varphi'_{n,i}$ sur V''_n, forment une $\mathbb{C}$-base de l'espace des vecteurs $\mathbb{C}$-cotangents, au-dessus de V' ; soit $(e_{n,i})_{i=1,\dots,N_{\mathbb{C}}}$ une base duale, dans les espaces tangents munis de leurs structures II-complexes ($T^*_{\mathbb{C}}(V;v)$ est le $\mathbb{C}$-dual de $T(V;v)$ pour sa II-structure complexe). Chaque $e_{n,i}$ est un champ de vecteurs tangents au-dessus de V'_n, de classe C^∞ ; on peut trouver un champ $\overline{e}_{n,i}$, de classe C^∞ sur V tout entière, égal à $e_{n,i}$ sur V''_n. Alors $\overline{e}_{n,i} \circ X$ est un champ tangent, optionnel localement borné. Soit J un processus cotangent optionnel localement borné, $\mathbb{C}$-cotangent sur A. Dans $A \cap X^{-1}(V'_n)$, on peut écrire $J = \sum_i \alpha_{n,i}\, \varphi'_{n,i} \circ X$, où

$\alpha_{n,i} = (J|e_{n,i} \circ X)$, pour la dualité complexe entre $T(V;v)$ muni de Π et l'espace $T^*_{\mathbb{C}}(V;v) = \mathcal{L}_{\mathbb{C}}(T(V;v);\mathbb{C}) = \mathcal{L}_{\Pi,i}(T(V;v);\mathbb{C})$. Les $\overline{\alpha}_{n,i} = (J|\overline{e}_{n,i} \circ X)$ sont alors des processus complexes optionnels localement bornés. On a alors, sur $X^{-1}(V''_n) \cap A$, par (3.2) et (6.3) :

$$J \bullet X^c \sim \sum_i (\overline{\alpha}_{n,i}\, \overline{\varphi}_{n,i} \circ X) \bullet X^c = \sum_i \overline{\alpha}_{n,i} \bullet ((\varphi'_{n,i} \circ X) \bullet X^c) \quad ;$$

$(\overline{f}'_n \circ X) \bullet X^c$ est équivalent à une martingale conforme,

(5.6) , donc $J \bullet X^c$ aussi. Ceci règle le cas où J est optionnel localement borné. Supposons maintenant que $X^c = \sum_k H_k \bullet M_k$ (représentation (6.2)), et supposons que J soit seulement dX^c-intégrable, mais que $J \bullet X^c$ soit aussi dans $\mathcal{L}^2$, c-à-d. $\mathbb{E} \sum_k \int_{]0,+\infty]} |(J|H_k)_s^2| \, d\langle M_k, M_k\rangle_s < +\infty$, et que J soit $\mathbb{C}$-cotangent sur A. Posons $J_n = J\, 1_{|J| \le n}$, optionnel localement borné. Ce que nous venons de démontrer (en observant que J_n est encore à valeurs dans $T^*_{\mathbb{C}}(V)$ sur A) dit que $J_n \bullet X^c$ est équivalent sur A à une martingale conforme. Par ailleurs nous pouvons supposer A optionnel, quitte à le remplacer par le plus grand ouvert de $\overline{\mathbb{R}}_+ \times \Omega$ sur lequel $J \in T^*_{\mathbb{C}}(V)$ (3.4) et où X soit équivalente à une martingale conforme (5.7), qui est optionnel. Donc $(1_A\, J_n) \bullet X^c = 1_A \bullet (J_n \bullet X^c)$ est une martingale conforme. Mais les $1_A\, J_n \bullet X^c$ convergent vers $1_A\, J \circ X^c$ dans $\mathcal{L}^2$. Or les martingales conformes constituent un ensemble fermé de $\mathcal{L}^2$ (car si des N_n convergent vers N dans $\mathcal{L}^2$, $\langle N_n, N_n\rangle_t$ converge vers $\langle N,N\rangle_t$ dans L^1 pour tout t ; de $\langle N_n, N_n\rangle = 0$ on déduit donc $\langle N,N\rangle = 0$). Donc $1_A \bullet (J \bullet X^c)$ est encore une martingale conforme, donc $J \bullet X^c$ est encore équivalent sur A à une martingale conforme. Reste le cas général, J dX^c-intégrable sans restriction, et $\mathbb{C}$-cotangent sur A. Il existe une suite $(T_n)_{n \in \mathbb{N}}$ de temps d'arrêt, tendant stationnairement vers $+\infty$, telle que chaque $(1_A \bullet (J \bullet X^c))^{T_n}$ soit une martingale conforme, donc aussi $1_A \bullet (J \bullet X^c)$, donc $J \bullet X^c$ est toujours équivalent sur A à une martingale conforme.

2) Montrons la réciproque. Supposons que, pour J optionnel localement borné, partout $\mathbb{C}$-cotangent, $J \cdot X^c$ soit équivalent sur A à une martingale conforme. Soit φ une fonction complexe C^2 sur V, holomorphe sur un ouvert V' de V. Alors le champ φ' est C^1 partout, et $\mathbb{C}$-cotangent sur V' ; donc le champ $1_{V'}\varphi'$ est borélien sur V, partout $\mathbb{C}$-cotangent. Donc le processus $(1_{V'}\varphi') \circ X$ est optionnel, localement borné, partout $\mathbb{C}$-cotangent ; donc $((1_{V'}\varphi') \circ X) \cdot X^c$ est équivalent sur A à une martingale conforme. Mais c'est aussi

$(1_{V'} \circ X) \cdot ((\varphi' \circ X) \cdot X^c) = (1_{V'} \circ X) \cdot (\varphi \circ X)^c$, donc il est équivalent sur $A \cap X^{-1}(V')$ à $(\varphi \circ X)^c$, donc $(\varphi \circ X)^c$ est équivalente sur $A \cap X^{-1}(V')$ à une martingale conforme, donc $\varphi \circ X$ à une semi-martingale conforme ; ce qui, d'après la définition (5.1), signifie bien que X est équivalent sur A à une semi-martingale conforme.

Remarque : En utilisant l'intégrale de Stratonovitch, développée à la remarque 7 après la proposition (6.3), on a la résultat analogue suivant : Pour que X soit équivalente sur A à une martingale conforme, il faut et il suffit que, pour tout J, processus de Stratonovitch $\mathbb{C}$-cotangent, l'intégrale de Stratonovitch $J \underset{(S)}{\cdot} X$ soit équivalente sur A à une martingale conforme. Pour que X soit, sur V, une martingale conforme, il faut et il suffit que, pour tout J de Stratonovitch $\mathbb{C}$-cotangent, $J \underset{(S)}{\cdot} X$ soit une martingale conforme (alors égale à sa composante martingale $J \cdot X^c$).

La démonstration est à peu près la même. Dans la condition nécessaire (où on peut se borner à supposer J $\mathbb{C}$-cotangent sur A), rien de changé, si ce n'est qu'on se borne à la partie de la démonstration qui concerne J localement borné, puisqu'un processus de Stratonovitch est localement borné et qu'on remplace partout X^c par X et $\cdot$ par $\underset{(S)}{\cdot}$.

Laurent SCHWARTZ, "Semi-martingales sur des Variétés, et Martingales sur des Variétés analytiques complexes"

Lecture Notes in Mathematics, No 780, Springer Verlag 1980.

ERRATUM

La remarque page 92 et le "très beau" résultat qu'elle énonce sont absurdes (depuis page 92, ligne 14, jusqu'à page 93, ligne 11).

Si ce résultat était juste, comme tout processus de Stratonovitch J, cotangent le long de X, est somme d'un processus $\mathbb{C}$-cotangent et d'un processus anti-$\mathbb{C}$-cotangent, tous deux de Stratonovitch, $J \underset{(S)}{\bullet} X$ serait somme de deux martingales conformes, donc serait toujours une martingale, ce qui est impossible ! (En prenant $V = \mathbb{C}$, X serait une martingale à valeurs dans $\mathbb{R}^2$ telle que $\varphi \circ X$ soit une martingale pour toute fonction réelle φ de classe C^2 sur $\mathbb{R}^2$!)

L'erreur dans la démonstration (elle vient évidemment de ce que cette démonstration n'est pas entièrement écrite, n'ayant pas été jugée assez importante ; le diable se cache toujours dans les "On peut aussi démontrer que ...") est évidente. On obtient bien une formule analogue à celle du haut de la page 91, mais avec des intégrales de Stratonovitch :

$$J \underset{(S)}{\bullet} X \sim \sum_i \overline{\alpha}_{n,i} \underset{(S)}{\bullet} ((\varphi'_{n,i} \circ X) \underset{(S)}{\bullet} X) \quad \text{sur} \quad X^{-1}(V''_n) \cap A \quad ;$$

l'intégrale entre parenthèses est bien équivalente à une martingale conforme, car $(\overline{f}'_n \circ X) \underset{(S)}{\bullet} X$ est équivalente à $\overline{f}_n \circ X$, équivalente à une martingale conforme ; mais ensuite l'intégrale stochastique de <u>Stratonovitch</u> $\overline{\alpha}_{n,i} \underset{(S)}{\bullet} \ldots$ par rapport à une martingale n'est pas une martingale, a fortiori pas une martingale conforme. <u>Cette erreur est sans conséquence sur le reste du livre</u>. Il faut aussi, bien entendu, supprimer dans l'Introduction, les lignes qui annoncent ce résultat faux : dernière ligne p. xiii, et première ligne p. xiv.

Dans la condition suffisante, on ne peut plus utiliser $1_{V'} \varphi'$, qui est borélien mais non C^1. Soit V" un ouvert subordonné à V', et soit α une fonction C^1, égale à 1 sur V", à support dans V', partout bornée par 1 ; alors de nouveau $\alpha\varphi'$ est un champ partout $\mathbb{C}$-cotangent, mais maintenant [illegible] sur V ; alors $(\alpha\varphi') \circ X$ est de Stratonovitch, partout $\mathbb{C}$-cotangent, [illegible] $((\alpha\varphi') \circ X) \underset{(S)}{\bullet} X$ est équivalent sur A à une martingale conforme ; [illegible] vaut $(\alpha \circ X) \underset{(S)}{\bullet} (\varphi \circ X)$, donc il est équivalent sur $A \cap X^{-1}(V")$ à [illegible], donc $\varphi \circ X$ est équivalent sur $A \cap X^{-1}(V")$ à une martingale conforme ; par réunion dénombrable, il en est de même sur $A \cap X^{-1}(V')$, donc, par définition, X est équivalent sur A à une martingale confirme. Ceci donne une définition globale d'une martingale conforme.

Supposons en outre V plongeable proprement et holomorphiquement dans un $\mathbb{C}$-espace vectoriel E. Soit J localement borné optionnel partout $\mathbb{C}$-cotangent. On peut le relever en θJ, localement borné optionnel sur $\overline{\mathbb{R}}_+ \times \Omega$, à valeurs dans $E^*_{\mathbb{C}}$ (espace des formes $\mathbb{C}$-linéaires sur E), comme indiqué avant (6.3) ou dans la remarque 1, après (6.3), parce que les $T^*_{\mathbb{C}}(V;v)$ sont des quotients de $E^*_{\mathbb{C}}$. On peut alors calculer $\theta J \bullet X$. Si X est une martingale conforme, c'est d'emblée automatiquement une martingale conforme, aussi égale à $\theta J \bullet X^c$ ou $J \bullet X^c$, indépendante du plongement de X et du relèvement θ. Si J est localement borné optionnel $\mathbb{C}$-cotangent, X martingale conforme, mais V non de Stein, il y a aussi des moyens de définir globalement $J \bullet X$ et de trouver que c'est une martingale conforme (mais ce n'est guère plus que de la définir par $J \bullet X = J \bullet X^c$!).

Les espaces $\mathcal{M}_{\mathbb{C}}(X)$ et $\overline{\mathcal{M}_{\mathbb{C}}(X)}$ attachés à une semi-martingale X.

Soit désormais V $\mathbb{C}$-analytique, de dimension complexe $N_{\mathbb{C}}$, donc réelle $N_{\mathbb{R}} = 2N_{\mathbb{C}}$. Soit X une semi-martingale à valeurs dans V. On a défini son sous-espace stable $\mathcal{M}(X)$, engendré par au plus $N_{\mathbb{R}} = 2N_{\mathbb{C}}$

martingales réelles orthogonales. On voudrait définir un autre sous-espace stable $\mathcal{M}_{\mathbb{C}}(X)$; si V est de Stein, ce sera simplement le sous-espace stable engendré par les $(\varphi \circ X)^c$, φ complexes holomorphes sur V. (Voir (7.5).) Mais, si V n'est pas de Stein, elle n'a pas assez de fonctions holomorphes. On peut en donner une définition par des fonctions holomorphes locales, ce que nous ferons à (7.6). Mais le théorème (6.4) nous permet d'en donner directement une définition globale.

Proposition (7.2) : On appelle $\mathcal{M}_{\mathbb{C}}(X)$ le sous-espace stable formé des $J \cdot X^c$, J processus optionnel $\mathbb{C}$-cotangent dX^c-intégrable, et $\overline{\mathcal{M}_{\mathbb{C}}(X)}$ le sous-espace stable des $J \cdot X^c$, J anti-$\mathbb{C}$-cotangent, qui est son complexe conjugué. $\mathcal{M}(X)$ est engendré par $\mathcal{M}_{\mathbb{C}}(X)$ et $\overline{\mathcal{M}_{\mathbb{C}}(X)}$. Chacun d'eux peut être engendré par $m \leq N_{\mathbb{C}}$ martingales (complexes) orthogonales, le même nombre m pour les deux, et alors $\mathcal{M}(X)$ par 2m martingales (réelles) orthogonales.

X est une semi-martingale conforme si et seulement si $\mathcal{M}_{\mathbb{C}}(X)$ (ou $\overline{\mathcal{M}_{\mathbb{C}}(X)}$) est entièrement formé de martingales conformes, ou ssi $\mathcal{M}_{\mathbb{C}}(X)$ et $\overline{\mathcal{M}_{\mathbb{C}}(X)}$ sont orthogonaux ; et alors $\mathcal{M}(X) = \mathcal{M}_{\mathbb{C}}(X) \oplus \overline{\mathcal{M}_{\mathbb{C}}(X)}$, somme directe orthogonale.

Démonstration : $\mathcal{M}_{\mathbb{C}}(X)$ ainsi défini est un espace stable par (6.4) ; on forme trivialement un champ optionnel de bases (complexes) de $T^*_{\mathbb{C}}$ par des cartes (dans V'_n, on trouve aussitôt une base C^∞ ; d'où une base borélienne en prenant celle de V'_o dans V'_o, celle de V'_1 dans $V'_1 \setminus V'_o$, celle de V'_n dans $V'_n \setminus V'_{n-1} \dots \setminus V'_o, \dots$), donc $T^*_{\mathbb{C}}(V)$ est un champ borélien de sous-espaces de $T^*(V)$, et par suite $T^*_{\mathbb{C}}(V) \circ X$ est un système optionnel de sous-espaces. Chaque sous-espace $T^*_{\mathbb{C}}(V;v)$ est de dimension complexe $N_{\mathbb{C}}$, donc $\mathcal{M}_{\mathbb{C}}(X)$ peut être engendré par $m \leq N_{\mathbb{C}}$

martingales (complexes) orthogonales, et alors $\overline{\mathcal{M}_{\mathbb{C}}(X)}$ par les conjuguées ; comme chaque $T^*(V;v)$ est somme directe de $T^*_{\mathbb{C}}(V;v)$ et $\overline{T^*_{\mathbb{C}}(V;v)}$, $\mathcal{M}(X)$ est bien engendré par $\mathcal{M}_{\mathbb{C}}(X)$ et $\overline{\mathcal{M}_{\mathbb{C}}(X)}$ (6.5), donc par m martingales et leurs m conjuguées, donc par 2m martingales réelles, donc, par orthogonalisation de Schmidt, par 2m martingales réelles orthogonales. La propriété relative à $f \circ X$ résulte de (6.3 ter). Le fait que X soit une semi-martingale conforme ssi $\mathcal{M}_{\mathbb{C}}(X)$ est formé de martingales conformes est (7.1) ; alors $\mathcal{M}_{\mathbb{C}}(X)$ et $\overline{\mathcal{M}_{\mathbb{C}}(X)}$ sont orthogonales, car, si $M, N \in \mathcal{M}_{\mathbb{C}}(X)$ système conforme, $\langle M, \bar{\bar{N}} \rangle = \langle M, N \rangle = 0$; inversement, s'ils sont orthogonaux, toute martingale M de $\mathcal{M}_{\mathbb{C}}(X)$ vérifie $\langle M, M \rangle = \langle M, \bar{\bar{M}} \rangle = 0$, donc est conforme.

Corollaire (7.3) : Soit X une semi-martingale conforme à valeurs dans V. Soit $(M_k)_{k=1,\dots,m}$ un système de martingales conformes orthogonales engendrant $\mathcal{M}_{\mathbb{C}}(X)$ (alors $(\overline{M}_k)_{k=1,\dots,m}$ est un système analogue engendrant $\overline{\mathcal{M}_{\mathbb{C}}(X)}$). Alors les $\operatorname{Re} M_k$, $\operatorname{Im} M_k$, $k = 1,2,\dots,m$ forment un système de 2m martingales réelles orthogonales engendrant $\mathcal{M}(X)$, et les M_k, $\overline{M}_k$, un système de martingales complexes orthogonales engendrant $\mathcal{M}(X)$. La décomposition (6.2 ter) (qui ne s'écrit jamais que par rapport à des martingales génératrices réelles) est ici de la forme

$$X^c = \sum_{k=1}^{m} H_k \cdot \operatorname{Re} M_k + \mathbb{I}\, H_k \cdot \operatorname{Im} M_k \quad . \tag{7.3 bis}$$

Un processus J cotangent optionnel est dX^c-intégrable, ssi : chaque $(J|H_k)$ est dM_k-intégrable, ou $d(\operatorname{Re} M_k)$-intégrable, ou $d(\operatorname{Im} M_k)$-intégrable, et $(J|\mathbb{I}\, H_k)$ de même. Un processus J $\mathbb{C}$-cotangent, ou anti-$\mathbb{C}$-cotangent est dX^c-intégrable, ssi chaque $(J|H_k)$ est dM_k-intégrable, ou $d(\operatorname{Re} M_k)$-intégrable , ou $d(\operatorname{Im} M_k)$-intégrable ; et l'intégrale $J \cdot X^c$ s'écrit :

$$(7.3\text{ ter})\quad \begin{cases} J \cdot X^c = \sum_k (J|H_k) \cdot M_k & \underline{\text{pour}}\ J\ \underline{\mathbb{C}\text{-cotangent}}\ , \\ J \cdot X^c = \sum_k (J|H_k) \cdot \overline{M}_k & \underline{\text{pour}}\ J\ \underline{\text{anti-}\mathbb{C}\text{-cotangent}}\ . \end{cases}$$

<u>Un processus</u> J <u>cotangent est</u> dX^c<u>-intégrable si et seulement si chacune de ses composantes</u> J', <u>$\mathbb{C}$-cotangente</u>, J" <u>anti-$\mathbb{C}$-cotangente</u>, <u>est</u> dX^c-<u>intégrable</u>. (Tout cela cesse d'être vrai si X n'est pas une semi-martingale conforme.)

<u>Démonstration</u> : Nous venons de voir que $\mathcal{M}_{\mathbb{C}}(X)$ et $\overline{\mathcal{M}_{\mathbb{C}}(X)}$ sont orthogonaux. Si donc les M_k sont orthogonales et engendrent $\mathcal{M}_{\mathbb{C}}(X)$, donc les $\overline{M}_k$ orthogonales et engendrent $\overline{\mathcal{M}_{\mathbb{C}}(X)}$, leur ensemble est orthogonal et engendre $\mathcal{M}(X)$. Si (M,N) est un couple conforme et orthogonal, on a d'abord $\langle M,M\rangle = 0$ donc $\langle \mathrm{Re}\,M,\mathrm{Re}\,M\rangle = \langle \mathrm{Im}\,M,\mathrm{Im}\,M\rangle$, puis $\langle \mathrm{Re}\,M,\mathrm{Im}\,M\rangle = 0$, $\mathrm{Re}\,M$ et $\mathrm{Im}\,M$ sont orthogonales; ensuite, de $\langle M,N\rangle = \langle M,\overline{N}\rangle = 0$, on tire $\langle \mathrm{Re}\,M,\mathrm{Re}\,N\rangle = \langle \mathrm{Re}\,M,\mathrm{Im}\,N\rangle = \langle \mathrm{Im}\,M,\mathrm{Re}\,N\rangle = \langle \mathrm{Im}\,M,\mathrm{Im}\,N\rangle = 0$. Donc, si les M_k sont orthogonales dans le système conforme $\mathcal{M}_{\mathbb{C}}(X)$, les $\mathrm{Re}\,M_k$, $\mathrm{Im}\,M_k$, forment un système orthogonal réel. En ce qui concerne les intégrabilités, un processus complexe est dM-intégrable, pour une martingale complexe M, ssi il est d(Re M) et d(Im M)-intégrable ; mais, si M est conforme, $\langle \mathrm{Re}\,M,\mathrm{Re}\,M\rangle = \langle \mathrm{Im}\,M,\mathrm{Im}\,M\rangle$, donc le processus est dM-intégrable ssi il est d(Re M) ou d(Im M)-intégrable. Quand on écrit (6.2 ter) avec les $\mathrm{Re}\,M_k$ et les $\mathrm{Im}\,M_k$, on aura $X^c = \sum_k H_k \cdot \mathrm{Re}\,M_k + H'_k \cdot \mathrm{Im}\,M_k$. Si J est $\mathbb{C}$-cotangent optionnel dX^c-intégrable, chaque $(J|H_k)$ est $d(\mathrm{Re}\,M_k)$-intégrable mais alors aussi $d(\mathrm{Im}\,M_k)$-intégrable donc dM_k- et $d\overline{M}_k$-intégrable, de même chaque $(J|H'_k)$, et réciproquement ; alors en regroupant autrement :

$$(7.3\text{ quarto})\quad J \cdot X^c = \sum_{k=1}^{m} ((J|H_k) - i(J|H'_k)) \cdot \frac{M_k}{2} + \sum_k ((J|H_k) + i(J|H'_k)) \cdot \frac{\overline{M}_k}{2}\ .$$

Or $J \bullet X^c$ doit être dans $\mathcal{M}_{\mathbb{C}}(X)$, d'après (7.2), donc les coefficients des $\overline{M}_k$ sont nuls :

pour tout k, $(J|H_k) + i(J|H'_k) = 0$ dM_k-pp. Mais, J étant $\mathbb{C}$-cotangent, $i(J|H'_k) = (J|\Pi H'_k)$, donc :

pour tout k, $(J|H_k + \Pi H'_k) = 0$ dM_k-pp.

Mais, si e est un processus tangent optionnel, il existe un processus $\mathbb{C}$-cotangent optionnel localement borné ε tel que $(\varepsilon|e) \neq 0$ partout où $e \neq 0$ [il suffit par exemple de mettre sur V une structure hermitienne continue, donc, en chaque $v \in V$, un anti-isomorphisme de $T(V;v)$, muni de sa Π-structure complexe, sur son dual $T^*_{\mathbb{C}}(V;v)$, soit $u \to u^*$, et il suffit de prendre $\varepsilon = e^*/|e|$ pour $|e| \geq 1$, $\varepsilon = e^*$ pour $|e| \leq 1$]. En prenant pour e le processus tangent $H_k + \Pi H'_k$, et pour J l'ε correspondant, on voit donc que $H_k + \Pi H'_k = 0$ dM_k-pp., ou $H'_k = \Pi H_k$.

Si alors J est un processus $\mathbb{C}$-cotangent optionnel, il sera dX^c-intégrable, si et seulement si chaque $(J|H_k)$ et $(J|\Pi H_k)$ est dM_k-intégrable ; mais comme $J\Pi = iJ$, cela revient simplement à dire que chaque $(J|H_k)$ est dM_k-intégrable. De même pour J anti-$\mathbb{C}$-cotangent. Alors (7.3 quarto) donne (7.3 ter). Si J est cotangent optionnel quelconque, $J = J' + J''$, J' $\mathbb{C}$-cotangent, J'' anti-$\mathbb{C}$-cotangent, où $J' = \frac{J + i\Pi J}{2}$, $J'' = \frac{J - i\Pi J}{2}$; s'il est intégrable, chaque $(J|H_k)$ et chaque $(J|\Pi H_k)$ est dM_k-intégrable, donc chaque $(J'|H_k)$ dM_k-intégrable, donc J' est dX^c-intégrable, et J'' aussi ; la réciproque est triviale, cqfd.

Il faut maintenant démontrer sur $\mathcal{M}_{\mathbb{C}}(X)$ certaines propriétés démontrées au § 6 sur $\mathcal{M}(X)$, avec cependant une définition entièrement différente. X est une semi-martingale (non nécessairement conforme !) à valeurs dans V. Si A est un ouvert optionnel de $\overline{\mathbb{R}}_+ \times \Omega$, $\mathcal{M}_{\mathbb{C},A}(X)$ est évidemment l'ensemble des $J \bullet X^c$, J processus optionnels $\mathbb{C}$-cotangents dX^c-intégrables portés par A.

Proposition (7.4) : 1) Si f est une application holomorphe de V dans une variété W, $\mathcal{M}_{\mathbb{C}}(f \circ X) \subset \mathcal{M}_{\mathbb{C}}(X)$. Plus généralement, soit A un ouvert de $\overline{\mathbb{R}}_+ \times \Omega$, V' une sous-variété de V, f une application holomorphe de V' dans W, Y une semi-martingale à valeurs dans W, et supposons que $X(A) \subset V'$ et que $Y = f \circ X$ sur A. Alors toute martingale de $\mathcal{M}_{\mathbb{C}}(Y)$ est équivalente sur A à une martingale de $\mathcal{M}_{\mathbb{C}}(X)$; si A est optionnel, $\mathcal{M}_{\mathbb{C},A}(Y) \subset \mathcal{M}_{\mathbb{C},A}(X)$.

2) Si f est une immersion holomorphe de V dans une variété W, $\mathcal{M}_{\mathbb{C}}(f \circ X) = \mathcal{M}_{\mathbb{C}}(X)$. Si $\tilde{V}$ est un revêtement de V, $\tilde{X}$ un relèvement de X dans $\tilde{V}$ tel que $\tilde{X}_0$ soit $\mathcal{G}_0$-mesurable, $\mathcal{M}_{\mathbb{C}}(\tilde{X}) = \mathcal{M}_{\mathbb{C}}(X)$.

Démonstration : Replaçons-nous dans les conditions de la proposition (6.2), et de (6.7), 2) en nous ramenant comme toujours à A optionnel. Soit K un processus $\mathbb{C}$-cotangent à W suivant Y, optionnel dY^c-intégrable, porté par A. On a construit $J = ({}^t f' \circ X)K$ sur A, 0 en dehors, puis un relèvement J_0, et on a vu que J_0 est dX^c-intégrable, et $J_0 \bullet X^c = K \bullet Y^c$. Mais, f étant holomorphe, $({}^t f' \circ X)K$ est lui aussi $\mathbb{C}$-cotangent ; ici $T^*_{\mathbb{C}}(V', v')$ est un quotient de $T^*_{\mathbb{C}}(V; v')$ en tout point $v' \in V'$, d'où un relèvement optionnel J_0 $\mathbb{C}$-cotangent le long de V'. Alors $K \bullet Y^c = J_0 \bullet X^c \in \mathcal{M}_{\mathbb{C},A}(X)$. Donc $\mathcal{M}_{\mathbb{C},A}(Y) \subset \mathcal{M}_{\mathbb{C},A}(X)$.

2) se démontre alors comme le 2) de (6.7), en remplaçant C^2-difféomorphisme par difféomorphisme $\mathbb{C}$-analytique.

Corollaire (7.5) : Supposons que V soit une variété de Stein. Alors $\mathcal{M}_{\mathbb{C}}(X)$ est engendré par les $(\varphi \circ X)^c$, φ fonctions holomorphes sur V. Et aussi par les coordonnées complexes de X^c pour un plongement de V dans un $\mathbb{C}^d$.

Démonstration : On peut plonger V dans un $\mathbb{C}^d$. Si on appelle φ_i les fonctions coordonnées complexes correspondantes, $i = 1,2,\dots,d$, les $(\varphi_i' \circ X)$ forment, en tout (s,ω), un système générateur de $T^*_{\mathbb{C}}(V;X(s,\omega))$. On en déduit aussitôt un sous-système, base optionnelle localement bornée de $T^*_{\mathbb{C}}(V)$. Alors les $(\varphi_i \circ X)^c = (\varphi_i' \circ X) \cdot X^c$ engendrent $\mathcal{M}_{\mathbb{C}}(X)$ d'après (6.5).

Ceci permet, dans ce cas précis, de donner une définition de $\mathcal{M}_{\mathbb{C}}(X)$ analogue à celle de $\mathcal{M}(X)$ par (6.1). Si la variété n'est pas de Stein, on pourra se ramener à une telle définition par des cartes :

Corollaire (7.6) : *Construisons les* E_n, U'_n, Φ_n, V'_n, V''_n, Z_n, *de* (5.6). *Alors une martingale* M *est dans* $\mathcal{M}_{\mathbb{C}}(X)$ *si et seulement si, pour tout* n, *elle est équivalente sur* $A_n = X^{-1}(V''_n)$, *à une martingale de* $\mathcal{M}_{\mathbb{C}}(Z_n)$, *lequel peut être construit par le procédé de* (7.5).

Démonstration : On a vu à (7.4), 1), que $\mathcal{M}_{\mathbb{C},A_n}(X) = \mathcal{M}_{\mathbb{C},A_n}(Z_n)$, puisque Φ_n est un difféomorphisme $\mathbb{C}$-analytique. Alors, pour tout n, M est équivalente sur A_n à une martingale de $\mathcal{M}_{\mathbb{C}}(X)$, si et seulement si elle est équivalente à une martingale de $\mathcal{M}_{\mathbb{C}}(Z_n)$, d'où le résultat.

Voici une variante :

Corollaire (7.7) : $\mathcal{M}_{\mathbb{C}}(X)$ *est le plus petit espace stable* $\mathcal{M}$ *de martingales tel que, pour toute fonction complexe* φ *sur* V, *de classe* C^2, *holomorphe sur un ouvert* V' *de* V, $(\varphi \circ X)^c$ *soit équivalent, sur* $X^{-1}(V')$, *à une martingale de* $\mathcal{M}$.

Démonstration : D'abord $\mathcal{M}_{\mathbb{C}}(X)$ a cette propriété ; $(\varphi \circ X)^c \in \mathcal{M}_{\mathbb{C}}(\varphi \circ X)$ est, d'après (7.4), 1), équivalente sur $X^{-1}(V')$ à une martingale de $\mathcal{M}_{\mathbb{C}}(X)$. Inversement, soit $\mathcal{M}$ un espace stable de martingales, tel que, pour toute fonction φ comme ci-dessus, $(\varphi \circ X)^c$ soit équivalente sur

$X^{-1}(V')$, à une martingale de $\mathfrak{M}$. Reprenons la situation de (5.6) et (7.6). Soit $\bar{f}_{n,i}$ la i-ème coordonnée complexe de $\bar{f}_n$ suivant une base complexe de E_n. Alors $f_{n,i}$ est C^2 sur V, holomorphe sur V''_n, donc $(\bar{f}_{n,i} \circ X)^c = Z^c_{n,i}$ est équivalente sur $A_n = X^{-1}(V''_n)$ à une martingale de $\mathfrak{M}$; ou $1_{A_n} \bullet Z^c_{n,i} \in \mathfrak{M}$. Mais, suivant (7.5), les $1_{A_n} \bullet Z_{n,i}$ engendrent $1_{A_n} \bullet \mathfrak{M}_{\mathbb{C}}(Z_n) = \mathfrak{M}_{\mathbb{C},A_n}(Z_n) = \mathfrak{M}_{\mathbb{C},A_n}(X)$ d'après (7.4), 1) ; donc $\mathfrak{M}_{\mathbb{C},A_n} \subset \mathfrak{M}$. Mais les $\mathfrak{M}_{\mathbb{C},A_n}(X)$ engendrent $\mathfrak{M}_{\mathbb{C}}(X)$, donc $\mathfrak{M}_{\mathbb{C}}(X) \subset \mathfrak{M}$, cqfd.

*
* *
*

§ 8. DIFFUSION ET MOUVEMENT BROWNIEN SUR UNE VARIETE SANS BORD.

Dans tout ce paragraphe, V sera une variété C^2 sans bord, et à partir de (8.8), $\mathbb{C}$-analytique. A part le moment où nous expliquerons brièvement ce que signifient les divers types de processus sur un intervalle stochastique $[0,\zeta[$, semi-martingale voudra toujours dire semi-martingale continue, martingale voudra dire martingale locale continue, sous-martingale voudra dire sous-martingale locale continue.

Soit L un opérateur différentiel d'ordre 2, opérant sur les fonctions réelles de classe C^2, sans terme constant. Si E est un espace vectoriel de dimension N, $E = \mathbb{R}^N$, U' un ouvert de E, Φ un C^2-difféomorphisme de U' sur un ouvert V' de V, donc définissant une carte, l'opérateur "se lit" sur la carte comme

$$(8.1) \qquad L = \frac{1}{2} \sum_{i,j=1}^{N} a^{i,j} \frac{\partial^2}{\partial x^i \, \partial x^j} + \sum_{i=1}^{N} b^i \frac{\partial}{\partial x^i} \quad .$$

Nous notons soigneusement avec les indices en haut ce qui a les dimensions d'un vecteur, en bas celles d'un covecteur. Ici $b = (b^i)_{i=1,\ldots,N}$ est un champ de vecteurs sur E, à valeurs dans E, et $a = (a^{i,j})_{i,j=1,\ldots,N}$ un champ de tenseurs (symétriques) sur U', à valeurs dans $E \otimes E$. Ce caractère tensoriel est relatif aux changements de base de E, non aux changements de cartes ; sauf pour a comme nous le verrons.

Si l'on prend une autre carte, définie par $x = \varphi(x')$, on obtient une autre lecture du même opérateur, sous la forme

$$\frac{1}{2} \sum_{i,j} a'^{i,j} \frac{\partial^2}{\partial x'^i \, \partial x'^j} + \sum_i b'^i \frac{\partial}{\partial x'^i} \quad .$$

On voit aisément que a' est une combinaison des $(a^{i,j} \circ \varphi)$, à coefficients de classe C^1, et que b' est une combinaison des $a^{i,j} \circ \varphi$, à coefficients de classe C^o, et des $b^i \circ \varphi$, à coefficients de classe C^1. Nous supposerons que a est continue, b borélienne bornée sur tout compact ; si c'est vrai sur une carte d'un ouvert de V, c'est vrai sur toutes les autres cartes, c'est donc une propriété intrinsèque. Si alors f est une fonction réelle de classe C^2, Lf est borélienne localement bornée sur V. Nous n'avons pas mis de terme d'ordre 0 ; c'est indépendant de la carte, et se traduit simplement $L\,1 = 0$. La signification des b^i et des $a^{i,j}$ est simple. Si nous appelons x^i la fonction qui, sur la carte, est la i-ième coordonnée, on a $b^i = Lx^i$, et $a^{i,j} = L(x^i x^j) - x^i Lx^j - x^j Lx^i$. Ceci met en évidence le caractère tensoriel de a. Si φ et ψ sont deux fonctions réelles C^2, $L(\varphi\psi) - \varphi L\psi - \psi L\varphi = \sum_{i,j=1}^{N} a^{i,j} \frac{\partial\varphi}{\partial x^i} \frac{\partial\psi}{\partial x^j}$ est, en chaque point de v, égal à une forme bilinéaire de $\varphi'(v)$, $\psi'(v)$. Donc a définit un champ continu de formes bilinéaires sur les espaces cotangents. Nous supposerons l'opérateur elliptique, c-à-d. a définie positive : pour tout $x \in U'$, et tous nombres réels u_i, $i = 1,2,\ldots,N$, $\sum_{i,j} a^{i,j}(x)\, u_i\, u_j > 0$, sauf si tous les u_i sont nuls. Ou encore, $L(\varphi^2) - 2\varphi L\varphi$ est >0 en tout point v de V où $\varphi'(v) \neq 0$. Alors chaque $T^*(V;v)$ est muni d'une structure euclidienne, donc aussi chaque $T(V;v)$: V est munie d'une structure riemannienne continue, dont les $g^{i,j}$ sont les $a^{i,j}$, d'où les $g_{i,j}$ par inversion de matrice, $\sum_j g_{i,j}\, g^{j,k} = \delta_i^k$. Nous appellerons $(.|.)_{T^*}$, $(.|.)_T$, $(.|.)_{T^*,T}$, respectivement le produit scalaire sur $T^*(V;v)$, sur $T(V;v)$, et entre $T^*(V;v)$ et $T(V;v)$ par dualité. D'où

(8.1 bis) $$L(\varphi\psi) - \varphi L\psi - \psi L\varphi = (\varphi' | \psi')_{T^*} .$$

Inversement, si V est munie d'une structure riemannienne, qu'on doit supposer de classe C^1 (donc les régularités supposées ne sont pas les mêmes dans un sens et dans l'autre), il existe un opérateur différentiel intrinsèque, le laplacien, défini dans une carte par

$$(8.2) \qquad \Delta f = \frac{1}{\sqrt{g}} \sum_{i,j} \frac{\partial}{\partial x^i} \left(\sqrt{g}\, g^{i,j} \frac{\partial f}{\partial x^j}\right) \quad , \quad g = \text{dét}(g_{i,j})_{i,j} \quad .$$

En ajoutant à $\frac{1}{2}\Delta$ un opérateur différentiel d'ordre 1 sans terme constant, à coefficients boréliens localement bornés, on obtient un opérateur elliptique L comme ci-dessus, mais avec a de classe C^1 (sans quoi Δ n'est pas défini), donc plus particulier que ceux que nous avons considérés avant. L définit un processus de Markov[(18)]. L'espace Ω est l'espace des trajectoires continues arrêtées : pour tout ω, $\zeta(\omega) > 0$ est le temps de mort, et ω est une application continue de $[0,\zeta(\omega)[$ dans V, $\omega(t)$ tendant vers l'infini (de V) lorsque $t < \zeta(\omega)$ tend vers $\zeta(\omega)$, si $\zeta(\omega) < +\infty$. En ajoutant à V un point à l'infini ∂, cela revient à dire que ω est une application continue de $[0,+\infty[$ dans le compactifié d'Alexandroff $\hat{V} = V \cup \{\partial\}$, avec $\omega(t) = \partial$ pour t fini $\geq \zeta(\omega)$, $\omega(t) \in V$ pour $t < \zeta(\omega)$. Ω est muni de la topologie compacte ouverte, de la convergence uniforme sur tout compact. Ω étant l'espace des trajectoires, $X(t,\omega) = \omega(t)$. $\mathcal{U}_t$, $t \in \overline{\mathbb{R}}_+$, est la tribu engendrée par les X_s, $s \leq t$, s fini si $t = +\infty$, et $\mathcal{U}_{t_+} = \bigcap_{\varepsilon>0} \mathcal{U}_{t+\varepsilon}$ si $t < +\infty$, $\mathcal{U}_{(+\infty)_+} = \mathcal{U}_{+\infty}$. L'opérateur elliptique L définit le processus de Markov, avec des $\mathbb{P}^x$, $x \in V$ (donc aussi des $\mathbb{P}^\mu$, μ probabilité sur V, par $\mathbb{P}^\mu = \int \mathbb{P}^x \mu(dx)$; $\mathbb{P}^\mu$ est la loi du processus lorsque X_o a la loi μ) et son semi-groupe P_t, de générateur infinitésimal L. On appellera $\mathcal{T}_t$ la tribu complétée, engendrée par $\mathcal{U}_{t_+}$ et les parties $\mathbb{P}^\mu$-négligeables. Qu'endentra-t-on alors en disant que, pour $\mathbb{P}^\mu$, X est une semi-martingale à valeurs dans V sur $[0,\zeta[$? (On ne peut pas le dire pour $[0,\zeta]$ ou $[0,+\infty]$, car $\hat{V}$ n'est plus une variété, et on ne sait pas ce que signifie une semi-martingale à valeurs dans $\hat{V}$!). Il faut réadapter

la notion de "local" quand l'intervalle des temps est ouvert. Ici ζ est prévisible ; si $(K_n)_{n\in\mathbb{N}}$ est une suite croissante de compacts de V, de réunion V, $\zeta_n = \operatorname{Inf}\{t; X_t \notin K_n\} \wedge n$ annonce ζ (ou encore : ζ est le début de l'ensemble prévisible $\{(t,\omega) ; \omega(t) = \partial\}$, contenant son début quand il n'est pas vide). On peut alors considérer le processus arrêté $X^{\zeta_n} : X_t^{\zeta_n} = X_{t\wedge\zeta_n}$, défini sur $\overline{\mathbb{R}}_+ \times \Omega$, et dire si ou non il est une semi-martingale, car il est à valeurs dans V. Plaçons-nous alors dans la situation générale suivante, ζ étant un temps d'arrêt prévisible, $0 < \zeta \leq +\infty$, relativement à un espace probabilisé $(\Omega, \mathcal{O}, \lambda, (\mathcal{T}_t)_{t\in\overline{\mathbb{R}}_+})$. On dira alors qu'un processus X, défini sur $[0,\zeta[$ seulement, est une semi-martingale si, pour tout temps d'arrêt $\zeta' < \zeta$, le processus arrêté $X^{\zeta'}$, $X_t^{\zeta'} = X_{\zeta'\wedge t}$, $t \in \overline{\mathbb{R}}_+$, est une semi-martingale, pour les tribus $\mathcal{T}_t$.
Il suffit pour cela que ce soit vrai pour une suite croissante $(\zeta_n)_{n\in\mathbb{N}}$ de temps d'arrêt annonçant ζ_n. Alors $\zeta_n \wedge \zeta'$ tend stationnairement vers ζ'. Si nous appelons T_n le temps d'arrêt égal à ζ_n sur $\{\zeta_n < \zeta'\}$, à $+\infty$ sur $\{\zeta_n \geq \zeta'\}$, $(T_n)_{n\in\mathbb{N}}$ tend stationnairement vers $+\infty$. Alors, $X^{\zeta_n\wedge\zeta'} = (X^{\zeta'})^{T_n}$; c'est une semi-martingale pour tout n, donc $X^{\zeta'}$ aussi.
On fera de même pour les autres types de processus, martingales locales, martingales locales continues, sous-martingales locales continues, etc. On devra cependant bien noter que le mot local devra figurer partout : une martingale sur $[0,\zeta[$ n'a pas de sens. Les processus qui étaient, sur $\overline{\mathbb{R}}_+ \times \Omega$, à variation finie, deviendront ici localement à variation finie sur $[0,\zeta[$. On montre alors aisément qu'une semi-martingale vectorielle sur $[0,\zeta[$ s'exprime (de manière non unique) comme somme d'un processus adapté cadlag localement à variation finie et d'une martingale locale.
Soit maintenant A un ouvert de $[0,\zeta[$. On dira qu'un processus est équivalent sur A à 0, à une martingale locale continue, à un processus croissant continu, à une sous-martingale locale continue, s'il existe M, processus nul, ou martingale locale continue, ou processus croissant,

ou sous-martingale locale continue, tel que $X \sim M$ sur A au sens antérieur : $X - M$ est constant sur tout intervalle $|a,b| \times \{\omega\}$ de A. Désireux de ne pas tout récrire, nous laissons au lecteur le soin de montrer que tous les résultats énoncés sur $\overline{\mathbb{R}}_+ \times \Omega$ restent vrais sur $[0,\zeta[$. En particulier, il existe toujours un plus grand ouvert d'équivalence, et il est optionnel. Si, pour tout $\zeta' < \zeta$, $X^{\zeta'}$ est équivalent sur A à une martingale locale continue, etc., X l'est aussi. L'espace de martingales locales continues, nulles au temps 0, qu'on appellera $\mathcal{L}^2$ pour $[0,\zeta[$, est l'espace de celles pour lesquelles $\|M\|^2_{\mathcal{L}^2} = \mathbb{E}\,\langle M,M\rangle_{\zeta_-} < +\infty$.

On sait alors que $\mathbb{P}^{\mu}$ est solution du problème des martingales[19] : si φ est une fonction réelle de classe C^2, $\varphi \circ X_t - \varphi \circ X_o - \int_{]0,t]} L\varphi \circ X_s \, ds$ est une martingale M. Ou encore : $\varphi \circ X - \varphi \circ X_o - (L\varphi \circ X) \bullet (t)$ est une martingale M, en appelant (t) le processus $(t,\omega) \mapsto t$. On trouve alors facilement le processus $\langle M,M\rangle$. Soit en effet Y une semi-martingale réelle

$$Y = Y^d + Y^c = Y^d + M$$

$$Y^2 = Y_o^2 + 2Y \bullet Y + \langle M,M\rangle = (Y_o^2 + 2Y \bullet Y^d + \langle M,M\rangle) + 2Y \bullet Y^c \quad ,$$

donc $$(Y^2)^d = Y_o^2 + 2Y \bullet Y^d + \langle M,M\rangle \quad , \quad (Y^2)^c = 2Y \bullet Y^c \quad .$$

Ou : $$\langle M,M\rangle = (Y^2)^d - Y_o^2 - 2Y \bullet Y^d = (Y^2)^d - Y_o^2 - 2Y \bullet (Y^d - Y_o) \quad .$$

Ecrivons alors que $\lambda = \mathbb{P}^{\mu}$ est solution du problème des martingales, en l'écrivant successivement pour φ et φ^2 :

$$\varphi \circ X = (\varphi \circ X_o + (L\varphi \circ X) \bullet (t)) + M \quad ,$$

$$\varphi^2 \circ X = (\varphi^2 \circ X_o + (L(\varphi^2) \circ X) \bullet (t)) + \text{martingale} \quad ,$$

d'où $<M,M> = (L\varphi^2 \circ X) \bullet (t) - 2(\varphi \circ X) \bullet ((L\varphi \circ X) \bullet (t))$

$$= ((L\varphi^2 - 2\varphi L\varphi) \circ X) \bullet (t) = (\varphi' \circ X | \varphi' \circ X)_{T^*} \bullet (t) \quad ,$$

par (8.1 bis). Plus généralement, par polarisation, si M et N sont les martingales relatives à φ, ψ :

$$(8.3) \qquad <M,N> = ((L(\varphi\psi) - \psi L\varphi - \varphi L\psi) \circ X) \bullet (t)$$

$$= (\varphi' \circ X | \psi' \circ X)_{T^*} \bullet (t) \quad .$$

Proposition (8.4) - Théorème XIV : 1) Le processus canonique X est, relativement à $\mathbb{P}^\mu$, une semi-martingale à valeurs dans V, dans $[0,\zeta[$. Soit φ une fonction C^2 réelle sur V, vérifiant, dans un ouvert V', $L\varphi = 0$ (resp. $L\varphi \geq 0$). Alors $\varphi \circ X$ est, sur $X^{-1}(V') \cap [0,\zeta[$, équivalente à une martingale (resp. une sous-martingale).

2) Sur une variété de classe C^2, munie d'une structure riemannienne C^1, donc d'un laplacien, le mouvement brownien, associé à l'opérateur de diffusion $\frac{1}{2}\Delta$, est une semi-martingale dans $[0,\zeta[$. Si φ est une fonction réelle C^2 sur V, harmonique ($\Delta\varphi = 0$) (resp. sous-harmonique, $\Delta\varphi \geq 0$) dans un ouvert V' de V, $\varphi \circ X$ est équivalent dans $X^{-1}(V') \cap [0,\zeta[$, à une martingale (resp. une sous-martingale).

Démonstration : Puisque $\mathbb{P}^\mu$ est solution du problème des martingales, $\varphi \circ X - \varphi \circ X_0$ est somme du processus localement à variation finie $(L\varphi \circ X) \bullet (t)$, et d'une martingale. Donc il est bien une semi-martingale. D'après la définition (1.2) cela signifie bien que X est une semi-martingale. Si $L\varphi = 0$ (resp. ≥ 0) dans V', $(L\varphi \circ X) \bullet (t)$ est équivalent, dans $X^{-1}(V') \cap [0,\zeta[$, à 0 (resp. à un processus croissant continu ≥ 0, par exemple à $|(L\varphi \circ X)| \bullet (t)$), cqfd.

Proposition (8.5) - Théorème XV (Intégrales de processus cotangents) : Soit J un processus optionnel cotangent ; il est dX^c-intégrable, au sens de (6.4), si et seulement si, pour tout temps d'arrêt $\zeta' < \zeta$, $\int_{]0,\zeta']} (J_s|J_s)_{T^*} ds < +\infty$ ps. Si J et J' sont deux processus optionnels intégrables, on a la formule :

$$(8.6) \qquad \langle J \bullet X^c, J' \bullet X^c \rangle = (J|J')_{T^*} \bullet (t) \quad ,$$

$$\langle J \bullet X^c, J' \bullet X^c \rangle_t = \int_{]0,t]} (J_s|J'_s)_{T^*} ds \quad ,$$

où (t) est le processus $(t,\omega) \mapsto t$. Si $J^1, J^2, \ldots, J^N$ forment une base orthonormée cotangente optionnelle, les $J^k \bullet X^c = B^k$ sont des martingales orthogonales engendrant $\mathcal{M}(X)$; ce sont des mouvements browniens indépendants, et $\langle B_k, B_k \rangle = (t)$ sur $[0,\zeta[$. Dans l'expression symbolique $X^c = \sum_k H_k \bullet B^k$ suivant (6.2 quarto), $(H_k)_{k=1,2,\ldots,N}$ est la base (orthonormée) duale de $(J^k)_{k=1,2,\ldots,N}$. X est solution d'une équation différentielle stochastique, comme suit.

Soit E un espace vectoriel, $E = \mathbb{R}^N$, U' un ouvert de E, $\Phi : U' \to V'$ une carte de U' sur un ouvert V' de V, et supposons U" et $V" = \Phi(U")$ tous deux subordonnés, $\overline{U}"$ (dans E) $\subset U'$, $\overline{V}"$ (dans V) $\subset V'$. On supposera, pour simplifier, que $U' = V'$, $U" = V"$, et que Φ est l'identité. L'équation de diffusion se lit sur U' par

$$L = \sum_{i=1}^{N} b^i \frac{\partial}{\partial x^i} + \frac{1}{2} \sum_{i,j} a^{i,j} \frac{\partial^2}{\partial x^i \, \partial x^j} \; ;$$ b est un champ de vecteurs sur E, à valeurs dans E, borélien localement borné, et a est un champ de tenseurs sur E, à valeurs (symétriques) dans $E \otimes E$, continu. Alors, pour chaque i, si ε^i est le i-ième élément de la base de $E^* = \mathbb{R}^N$, il définit en chaque point de $U' = V'$ un vecteur cotangent à V, qui s'écrit $\varepsilon^i = \sum_{k=1}^{N} \sigma^i_k J^k$; la matrice $\sigma = (\sigma^i_k)_{i,k=1,\ldots,N}$, (N,N) réelle,

$\sigma^i_k = (\varepsilon^i | H_k)_{T^*,T} = (\varepsilon^i | J^k)_{T^*}$, *est optionnelle. Soient alors* $\overline{X}$ *une semi-martingale quelconque à valeurs dans* E, *égale à* X *sur* $X^{-1}(V'')$, *de composantes* $\overline{X}^i$, $\overline{b}$ *un champ de vecteurs sur* E *à valeurs dans* E, *égal à* b *sur* U'', *borélien sur tout compact, de composantes* $\overline{b}^i$, $\overline{\sigma}$ *un processus matriciel réel* (N,N), *optionnel localement borné, égal à* σ *sur* $X^{-1}(V'')$, *de coefficients* σ^i_k. *Alors les semi-martingales* $\overline{X}$ *et* $(\overline{b} \circ \overline{X}) \bullet (t) + \overline{\sigma} \bullet B$ *sont équivalentes sur* $X^{-1}(V'')$, *ou encore* $\overline{X}^i$ *et* $(\overline{b}^i \circ \overline{X}) \bullet (t) + \sum_k \sigma^i_k \bullet B^k$ *sont équivalentes (au sens des équivalences du* § 3) ; *ce qu'on abrège en disant que, sur* $X^{-1}(V')$, X *satisfait à l'équation différentielle stochastique* $dX_t = (b \circ X_t)dt + \sigma_t \, dB_t$, *ou* $dX^i_t = (b^i \circ X_t)dt + \sum_k (\sigma^i_k)_t \, dB^k_t$. *Si* μ *et* ν *sont deux distributions de départ, pour tout* J *cotangent universellement optionnel, universellement localement borné, on peut choisir un même processus qui représente à la fois* $J \bullet X^c$ *relativement à* $\mathbb{P}^\mu$ *et à* $\mathbb{P}^\nu$; *en particulier, on peut choisir des processus qui représentent les* B^k *à la fois pour* $\mathbb{P}^\mu$ *et pour* $\mathbb{P}^\nu$.

Démonstration : 1) Dans (8.3), $M = (\varphi \circ X)^c = (\varphi' \circ X) \bullet X^c$, donc (8.3) est exactement (8.6), si J et J' sont les processus cotangents $\varphi' \circ X$, $\psi' \bullet X$ provenant de 2 fonctions φ, ψ, réelles de classes C^2. On va en déduire la même formule (8.6) pour deux processus J, J' optionnels localement bornés quelconques. Soit $(V'_n)_{n \in \mathbb{N}}$ un recouvrement

de V par des domaines de cartes $f_n : V'_n \to U'_n \subset E_n$, $\Phi_n : U'_n \to V'_n$, $(V''_n)_{n \in \mathbb{N}}$ un recouvrement subordonné. Pour chaque n, il existe une fonction $\overline{f}_n : V \to E_n$, de classe C^2, égale à f_n sur V''_n. Alors, les $(\varepsilon^i_n)_{i=1,2,\dots,N}$ étant les vecteurs d'une base de E^*, les $\varepsilon^i \circ f'_n$ sont un champ C^1 de bases de $T^*(V)$ au-dessus de V'_n ; si $v \in V$, $(\varepsilon^i \circ f'_n)(v) = {}^t f'_n(v)\varepsilon^i$. Ce champ possède un champ C^1 de bases duales de T(V) au-dessus de V'_n, soit $(e_{i,n})_{i=1,\dots,N}$. Pour chaque i, il existe

un champ C^1 de vecteurs tangents, $\overline{e}_{i,n}$ sur V tout entière, égal à $e_{i,n}$ sur V'_n. Les $\varepsilon^i \circ \overline{f}'_n \circ X$, $\overline{e}_{i,n} \circ X$ sont alors des processus, cotangent et tangent respectivement, optionnels localement bornés. Au-dessus de V'_n, $J = \sum_{i=1}^{N} (J|e_{i,n} \circ X)_{T^*,T} \varepsilon^i \circ f'_n \circ X = \sum_i \alpha_{i,n} \varepsilon^i \circ f'_n \circ X$; si nous posons $\overline{\varepsilon^i_n} = \varepsilon^i \circ \overline{f}'_n \circ X$, , $\overline{\alpha}_{i,n} = (J|\overline{e}_{i,n} \circ X)$, $\overline{\varepsilon}^i_n$ est un processus cotangent optionnel localement borné, $\overline{\alpha}_{i,n}$ un processus réel optionnel localement borné, et $J = \overline{J}_n = \sum_i \overline{\alpha}_{i,n} \overline{\varepsilon}^i_n$ sur $X^{-1}(V''_n)$. De même avec J' et $\overline{J}'_n = \sum_i \overline{\alpha}'_{i,n} \overline{\varepsilon}^i_n$.
Mais on peut appliquer la formule (8.6) aux processus cotangents $\overline{\varepsilon}^i_n$; donc, sur $X^{-1}(V''_n)$, par (3.2), et 1) ci-dessus :

$$\begin{aligned}
<J \bullet X^c, J' \bullet X^c> &\sim <\overline{J}_n \bullet X^c, \overline{J}'_n \bullet X^c> \\
&= \sum_{i,j} \overline{\alpha}_{i,n} \overline{\alpha}'_{j,n} \bullet <\overline{\varepsilon}^i_n \circ X^c, \overline{\varepsilon}^j_n \bullet X^c> \\
&= \sum_{i,j} \overline{\alpha}_{i,n} \overline{\alpha}'_{j,n} \bullet ((\overline{\varepsilon}^i_n | \overline{\varepsilon}^j_n)_{T^*} \bullet (t)) \\
&= (\overline{J}_n | \overline{J}'_n)_{T^*} \bullet (t) \sim (J|J')_{T^*} \bullet (t) \quad .
\end{aligned}$$

Donc $<J \bullet X^c, J' \bullet X^c>$ et $(J|J')_{T^*} \bullet (t)$ sont équivalents sur chaque $X^{-1}(V''_n)$, donc sont égaux (ils sont nuls au temps 0).

2) Nous allons en déduire la condition d'intégrabilité de J par rapport à dX^c. Si J est optionnel, l'expression de $J \bullet X^c$ par (6.3 bis) nous permet toujours de poser, que J soit dX^c-intégrable ou non, par définition :

$$\|J \bullet X^c\|^2_{\mathcal{L}^2} = \lim_{n \to +\infty} \|J_n \bullet X^c\|^2_{\mathcal{L}^2} \leq +\infty \quad ,$$

J_n étant toujours intégrable (à intégrale pas forcément dans $\mathcal{L}^2$), $J_n = J\, 1_{|J| \leq n}$, $|J| = (J|J)^{1/2}_{T^*}$; J est dX^c-intégrable et $J \circ X^c \in \mathcal{L}^2$ ssi ces quantités sont finies, la suite du second membre étant croissante.

Mais on a aussi

$$\mathbb{E}\int_{]0,\zeta[} (J_s|J_s)_{T^*}\, ds =$$

$$\lim_{n\to+\infty} \mathbb{E}\int_{]0,\zeta[} ((J_n)_n|(J_n)_s)_{T^*}\, ds \leq +\infty \quad , \quad \text{par Fatou.}$$

Et, d'après ce qui a été démontré antérieurement,

$$\|J_n \cdot X^c\|^2_{\mathcal{L}^2} = \mathbb{E}\int_{]0,\zeta[} d\langle J_n \cdot X^c, J_n \cdot X^c\rangle_s$$

$$= \mathbb{E}\int_{]0,\zeta[} ((J_n)_s|(J_n)_s)_{T^*}\, ds \quad .$$

On en déduit bien que J est dX^c-intégrable et $J \cdot X^c \in \mathcal{L}^2$ ssi

$$\|J \cdot X_c\|^2_{\mathcal{L}^2} = \mathbb{E}\int_{]0,\zeta[} (J_s|J_s)_{T^*}\, ds < +\infty \quad .$$

Mais, ensuite J est dX^c-intégrable, si et seulement s'il existe, pour temps d'arrêt $\zeta' < \zeta$, une suite croissante de temps d'arrêt $(T_n)_{n\in\mathbb{N}}$ tendant <u>stationnairement</u> vers ζ', tels que les processus tronqués $J\, 1_{]0,T_n]}$ soient dX^c-intégrables, et d'intégrales dans $\mathcal{L}^2$. Donc J optionnel sera dX^c-intégrable si et seulement si, pour tout $\zeta' < \zeta$, $\int_{]0,\zeta']} (J_s|J_s)_{T^*}\, ds < +\infty$ ps. L'intégrabilité des processus optionnels cotangents est réglée.

La formule (6.6) du produit scalaire pour deux processus J, J' optionnels, non plus localement bornés, mais seulement dX^c-intégrables s'en déduit aussitôt par polarisation.

3) Si alors $(J^k)_{k=1,2,\ldots,N}$ est un système optionnel de bases orthonormées cotangentes, dX^c-intégrables, les $B^k = J^k \cdot X^c$ sont des martingales orthogonales vérifiant $\langle B^k, B^k\rangle_t = t$ dans $[0,\zeta[$. Ce sont

des mouvements browniens orthogonaux, donc indépendants[♦].

4) Considérons alors la représentation symbolique $X^c = \sum_k H_k \bullet B^k$ de (6.2 ter), les B^k étant associés à un processus de bases orthonormées $(J^k)_{k=1,\dots,N}$ cotangentes. On aura les formules

$$J^i \bullet X^c = \sum_k (J^i | H_k)_{T^*,T} \bullet B^k$$

mais aussi $\qquad = B^i$.

Donc, pour tout k, $(J^i | H_k) = \delta^i_k$,dB_k pp. pour tout i ; donc $(H_k)_{k=1,2,\dots,N}$ est le processus des bases tangentes duales de $(J^i)_{i=1,2,\dots,N}$.

5) Passons à l'équation différentielle stochastique. Soit $U' \subset E$, Φ, $V' \subset V$ une carte de V ; puis U'', V'', $\Phi(V'') = V''$, $\overline{U''}$ (adhérence dans E) $\subset U'$, $\overline{V''}$ (adhérence dans V) $\subset V'$ (l'une de ces deux conditions n'entraîne pas forcément l'autre, mais l'entraîne sûrement si, par exemple, $\overline{U''}$ ou $\overline{V''}$ est compact). Et, pour simplifier, on supposera que $V' = U'$, $V'' = V''$, et que Φ et $f = \Phi^{-1}$ sont l'identité. Il existe une fonction $\overline{f}$, de classe C^2 sur V à valeurs dans E, égale à f sur V'' ; soit $\overline{X}$ une semi-martingale à valeurs dans E, égale à $\overline{f} \circ X$ sur $A = X^{-1}(V'')$. Soit $E = \mathbb{R}^N$, et soient $\overline{f}_i$, $\overline{X}_i$ les coordonnées de $\overline{f}$, $\overline{X}$. On sait que, dans l'opérateur différentiel lu dans la carte, b^i est le résultat de L sur la fonction i-ième coordonnée ; le théorème des martingales dit que $\overline{f}^i \circ X - \overline{f}^i \circ X_0 - (L\overline{f}^i \circ X) \cdot (t)$ est une martingale M^i ; si $\overline{b}^i$ est une fonction sur E, égale à b^i sur U'', $\overline{b}^i \circ \overline{X}$ est égal à $b^i \circ f \circ X$ ou $b^i \circ X$ sur A, et M^i équivalente sur A à $\overline{X}^i - \overline{X}^i_0 - (\overline{b}^i \circ \overline{X}) \bullet (t)$. Mais M^i est la composante martingale de $\overline{f}^i \circ X$, c-à-d. $(\overline{f}'^i \circ X) \bullet X^c$, intégrale d'un processus cotangent optionnel localement borné. Il existe une repré-

---

♦ C'est une caractérisation des mouvements browniens, voir M[1], théorème 10 page 286.

sentation matricielle $\overline{f'}^{i} \circ X = \sum_{k=1}^{N} \sigma_k^i J^k$, en fonction de la base orthonormée optionnelle cotangente choisie $(J^k)_{k=1,2,\ldots,N}$; σ est un processus à valeurs matrices réelles (N,N), $\sigma = (\sigma_k^i)_{i,k=1,\ldots,N}$, optionnel, σ_k^i dB_k-intégrable (puisque $\overline{f'}^{i} \circ X$ est localement borné donc dX^c-intégrable, $\sigma_k^i = (\overline{f'}^{i} \circ X | J_k)_{T^*}$ est (t)-intégrable ou dB^k-intégrable). Si alors $\overline{\sigma}_k^i$ est n'importe quel processus réel dB^k-intégrable, égal à σ_k^i sur $X^{-1}(V'')$, on aura, sur $X^{-1}(V'')$:

$$M^i = (\overline{f'}^{i} \circ X) \bullet X^c =$$

$$= \sum_k (\overline{f'}^{i} \circ X | H_k)_{T^*,T} \bullet B^k = \sum_k (\overline{f'}^{i} \circ X \, | J_k)_{T^*} \bullet B^k$$

$$= \sum_k \sigma_k^i \bullet B^k \sim \sum_k \overline{\sigma}_k^i \bullet B^k \quad .$$

Finalement, sur $X^{-1}(V'')$, on a bien :

$$\overline{X}^i \sim (\overline{b}^i \circ \overline{X}) \bullet (t) + \sum_k \overline{\sigma}_k^i \bullet B^k$$

ou $$\overline{X} \sim (\overline{b} \circ \overline{X}) \bullet (t) + \overline{\sigma} \bullet B$$

en termes matriciels ; ce qui est le sens à donner à l'équation différentielle stochastique

$$dX = (b \circ X)dt + \sigma \, dB_t \quad \text{sur } X^{-1}(V') \quad .$$

6) Etudions enfin l'indépendance par rapport à la distribution μ de départ, qui détermine $\mathbb{P}^\mu = \lambda$. L'espace Ω des trajectoires continues tuées à valeurs dans V est toujours le même, ainsi que les tribus $\mathcal{U}_t$ engendrées par les trajectoires. Nous appellerons $\mathcal{U}_{t_+} = \bigcap_{\varepsilon>0} \mathcal{U}_{t+\varepsilon}$, $\mathcal{C}_t = \overline{\mathcal{U}_{t_+}}$ l'intersection de toutes les complétées de $\mathcal{U}_{t_+}$ par rapport à toutes les probabilités sur Ω. Alors tous les bons temps

d'arrêt sont relatifs, sinon aux $\mathcal{U}^{t}_{+}$ du moins aux $\mathcal{T}^t$; nous les appellerons temps d'arrêt universels. Nous définirons la tribu optionnelle relative aux $\mathcal{T}^t$, donc sans complétion par rapport à une mesure ; nous l'appellerons, pour bien distinguer, la tribu universellement optionnelle. Alors un processus H universellement optionnel sera dit universellement localement borné, s'il existe une suite $(T_n)_{n\in\mathbb{N}}$ croissante de temps d'arrêt universels, tendant stationnairement vers $+\infty$, telle que, pour tout temps d'arrêt universel $\zeta' < \zeta$, le processus H soit borné dans $]0,T_n \wedge \zeta']$. Si φ est une fonction C^1 sur V, la composante martingale de $\varphi \circ X$ est indépendante de μ, puisqu'on peut la prendre égale à $\varphi \circ X - \varphi \circ X_o - (Lf \circ X) \cdot (t)$, intégrale de Stieltjes. Donc, pour des processus optionnels cotangents J tels que les $\varphi' \circ X$, l'intégrale $J \cdot X^c$ est indépendante de μ. Soit alors $(\varphi^i)_{i=1,2,\ldots,N}$ un système de fonctions de classe C^2, et $(\alpha_i)_{i=1,\ldots,N}$ un système de processus universellement optionnels, universellement localement bornés. On aura, si $J = \sum_i \alpha_i \, \varphi'^{\,i} \circ X$, $J \cdot X^c = \sum_i \alpha_i \cdot (\varphi^i \circ X)^c$. Mais les seconds membres sont des intégrales stochastiques. On sait cependant que, si, pour deux probabilités différentes, on prend l'intégrale stochastique d'une fonction universellement optionnelle universellement localement bornée, par rapport à un même processus qui est une semi-martingale pour les deux, les deux intégrales stochastiques admettent un représentant commun (qui sera par exemple une intégrale stochastique par rapport à la mesure somme). Donc on peut trouver un même représentant de $J \cdot X^c$, pour $\mathbb{P}^\mu$ et $\mathbb{P}^\nu$. (Mais je ne pense pas qu'il existe un même représentant des $J \cdot X^c$ valable pour toutes les $\mathbb{P}^\mu$.) Reprenons alors le raisonnement de 2), avec les mêmes notations, pour un processus cotangent J universellement optionnel universellement localement borné. On aura, sur $X^{-1}(V''_n) = A_n$: $J = \overline{J}_n = \sum_i \overline{\alpha}_{i,n} \, \overline{\varepsilon}^{i,n}$ donc $J \cdot X^c \sim \overline{J}_n \cdot X^c$; et on vient de voir qu'il existe pour $\overline{J}_n \circ X^c$ un représentant commun pour $\mathbb{P}^\mu$ et pour $\mathbb{P}^{\nu}$, soit M_n. On sait donc que, pour m et n quelconques, pour $\mathbb{P}^{\mu}$- et $\mathbb{P}^{\nu}$- presque tout ω, $M_m(\omega) - M_n(\omega)$ est une constante sur tout intervalle de $A_m(\omega) \cap A_n(\omega)$. En raisonnant pour chaque tel ω, on construit aussitôt une fonction $M(\omega)$: $t \mapsto M(t,\omega)$, telle que, pour tout n, $M(\omega) - M_n(\omega)$ soit une constante dans chaque intervalle de $A_n(\omega)$, et $M(\omega)$ est unique si on lui impose d'être nulle en 0. (Pour le voir, on recouvre $\overline{\mathbb{R}}_+$ par un nombre fini d'intervalles des $A_n(\omega)$; c'est le fait que, sur $\overline{\mathbb{R}}_+$, un 1-cocycle réel est un 1-cobord). On a ainsi défini une fonction $M(\omega)$, sauf pour des ω formant un ensemble à la fois $\mathbb{P}^{\mu}$- et $\mathbb{P}^{\nu}$-négligeable. D'où un processus M, qui est $\mathbb{P}^{\mu}$- et $\mathbb{P}^{\nu}$- équivalent à $J \cdot X^c$, calculé pour $\mathbb{P}^{\mu}$ et $\mathbb{P}^{\nu}$ respectivement. En appliquant cela aux J d'une base orthonormée universèllement optionnelle, on trouve des B_k, tels que B_k soit $\mathbb{P}^{\mu}$- et $\mathbb{P}^{\nu}$- brownien, et puisse être utilisé dans les formules précédentes.

<u>Remarque</u> : Par contre, encore une fois, je ne pense pas qu'il existe, pour un J, un processus $J \cdot X^c$ valable pour tous les $\mathbb{P}^{\mu}$. D'autre part, un J universellement optionnel peut être dX^c-intégrable pour $\mathbb{P}^{\mu}$ et par pour $\mathbb{P}^{\nu}$, car l'intégrabilité s'écrit : pour tout temps d'arrêt $\zeta' < \zeta$, $\int_{[0,\zeta']} (J_s | J_s)_{T^*} \, ds < +\infty$, $\mathbb{P}^{\mu}$ ps. et $\mathbb{P}^{\nu}$ ps. respectivement ; or $\mathbb{P}^{\mu}$ et $\mathbb{P}^{\nu}$ ne sont pas équivalentes.

Diffusion sur une variété analytique complexe.

<u>A partir de maintenant</u>, V <u>sera une variété $\mathbb{C}$-analytique, sans bord</u>*. Il n'y a rien de plus à dire pour les diffusions, s'il n'existe pas un lien entre les coefficients de L et la structure complexe. Soit F un espace vectoriel réel, muni d'un opérateur $\mathbb{I}$ linéaire de carré

---

* Les quelques outils de géométrie complexe utilisés ici (et d'ailleurs redémontrés) se trouvent, par exemple dans A. WEIL [1], SCHWARTZ [3].

$\Pi^2 = -1$, définissant F comme un $\mathbb{C}$-espace vectoriel. Soit une forme à valeurs complexes sur $F \times F$, sesquilinéaire pour la Π-structure complexe. Sa partie réelle, que nous noterons $(.|.)$, est alors une forme bilinéaire, invariante par Π : $(u|w) = (\Pi v|\Pi w)$. Inversement, si $(.|.)$ est une forme bilinéaire Π-invariante , elle est la partie réelle d'une forme complexe Π-sesquilinéaire unique, $(u,w) \to (u|w) - i(\Pi u|w)$. Alors, comme Π s'étend aussi au complexifié $F + iF$, la forme bilinéaire Π-invariante s'étend aussi en une forme complexe sesquilinéaire sur $F + iF$, encore Π-invariante. (Si $u_1 + iu_2$, $w_1 + iw_2$ sont des éléments de $F + iF$, ce sera $(u_1 + iu_2|w_1 + iw_2) = (u_1|w_1) + (u_1|w_2) + i(u_2|w_1) - i(u_1|w_2)$). Le fait que $(.|.)$ soit Π-invariante s'écrit aussi $(\Pi u|w) = -(u|\Pi w)$, ou $\Pi^* = -\Pi$, Π est antihermitien. Puisque ses valeurs propres (dans $F + iF$!) sont $\pm i$, cela équivaut encore à dire que les sous-espaces propres correspondants sont orthogonaux. Reprenons alors la situation définie par un opérateur de diffusion réel L. Ecrivons-le sur une carte holomorphe de V, en faisant intervenir les opérateurs $\frac{\partial}{\partial z_k}$, $\frac{\partial}{\partial \bar{z}_k}$ (on peut faire intervenir ces opérateurs, sans pour cela les considérer comme des éléments du complexifié de l'espace tangent, que nous n'avons jamais voulu complexifier). Il s'écrit

$$(8.8) \qquad L = \frac{1}{2} \sum_{i,j=1}^{N_{\mathbb{C}}} a^{i,j} \frac{\partial^2}{\partial z^i \, \partial z^j} + \sum_{i,j=1}^{N_{\mathbb{C}}} a^{i,\bar{j}} \frac{\partial^2}{\partial z^i \, \partial \bar{z}^j}$$

$$+ \frac{1}{2} \sum_{i,j=1}^{N_{\mathbb{C}}} a^{\bar{i},\bar{j}} \frac{\partial^2}{\partial \bar{z}^i \, \partial \bar{z}^j} + \sum_{i=1}^{N_{\mathbb{C}}} b^i \frac{\partial}{\partial z^i} + \sum_{i=1}^{N_{\mathbb{C}}} b^{\bar{i}} \frac{\partial}{\partial \bar{z}^i} ,$$

avec $Lz^i = b^i$, $L\bar{z}^i = \bar{b}^i$,

$$L(z^i z^j) - z^i L z^j - z^j L z^i = a^{i,j} ,$$

$$L\bar{z}^i\bar{z}^j - \bar{z}^i L\bar{z}^j - \bar{z}^j L\bar{z}^i = a^{\bar{i},\bar{j}} ,$$

$$L(z^i\bar{z}^j) - z^i L\bar{z}^j - \bar{z}^j L z^i = a^{i,\bar{j}} .$$

La réalité de L s'exprime par : $b^{\bar{i}} = \overline{b^i}$, $a^{\bar{i},\bar{j}} = \overline{a^{i,j}}$, $a^{i,\bar{j}} = \overline{a^{j,\bar{i}}}$; la matrice des $a^{i,\bar{j}}$ est hermitienne, et on voit aussitôt qu'elle est définie positive quand L est elliptique. Enfin la structure $(.|.)_{T^*}$ définie par L sur les espaces cotangents commute avec Π ssi les $a^{i,j}$ et $a^{\bar{i},\bar{j}}$ sont nuls (on écrit que les dz^i sont, en tant que formes différentielles, $\mathbb{C}$-contangentes, i.e. $\Pi\, dz^k = -i dz^k$, et $\Pi\, d\bar{z}^k = i d\bar{z}^k$; donc dz^k et $d\bar{z}^\ell$ doivent être orthogonales, $(dz^k|d\bar{z}^\ell)_{T^*} = 0$, ou $L(z^k z^\ell) - z^k L z^\ell - z^\ell L z^k = 0$ ou $a^{k,\ell} = 0$). On devra noter en passant que, si φ et ψ sont des fonctions complexes C^2 sur V, on a $L(\varphi\psi) - \varphi L\psi - \psi L\varphi = (\varphi'|\bar{\psi}')_{T^*}$, parce que nous avons mis sur $T^*(V;v)$ (le complexifié) un produit scalaire sesquilinéaire, alors que $(\varphi,\psi) \to L(\varphi\psi) - \varphi L\psi - \psi L\varphi$ est bilinéaire. Si φ et ψ sont holomorphes, la nullité des $a^{i,j}$ donne $L(\varphi\psi) - \varphi L\psi - \psi L\varphi = 0$. On notera aussi que la formule (8.6), relative aux processus optionnels cotangents <u>réels</u>, est évidemment à remplacer, pour des processus cotangents <u>complexes</u>, par :

$$(8.9) \qquad \langle J \cdot X^c, \overline{J' \cdot X^c}\rangle = (J|J')_{T^*} \cdot (t) ,$$

puisqu'on a prolongé $(.|.)_{T^*}$ par sesquilinéarité et $\langle\, ,\, \rangle$ par bilinéarité (et $\overline{J' \cdot X^c} = \bar{J}' \cdot X^c$).

<u>Proposition (8.9) - Théorème XVI</u> : <u>Si</u> V <u>est</u> <u>$\mathbb{C}$-analytique, et si l'opérateur</u> L <u>définit sur les espaces cotangents une forme (définie positive) commutant avec</u> Π , <u>i.e. si, restreinte à l'espace cotangent réel (non complexifié), elle est la partie réelle d'une forme hermitienne pour la structure complexe définie par</u> Π , <u>alors</u> X <u>est, sur</u> $[0,\zeta[$, <u>une semi-martingale conforme ; et réciproquement, si</u> X <u>est une semi-martingale conforme, la forme définie positive définie par</u> L <u>commute avec</u> Π . <u>Dans cette hypothèse, les sous-espaces</u> $\mathcal{M}_{\mathbb{C}}(X)$ <u>et</u> $\overline{\mathcal{M}_{\mathbb{C}}(X)}$ <u>sont orthogonaux et</u>

formés de martingales conformes, et $\mathcal{M}(X)$ en est leur somme directe orthogonale ; si $(J_k)_{k=1,\ldots,N}$ est une base orthonormée optionnelle des espaces $\mathbb{C}$-cotangents, les J^k et les $\overline{J}^k$ forment une base orthonormée optionnelle des espaces cotangents et alors, si les B^k, $\overline{B}^k$, sont les martingales correspondantes, $(J^k \bullet X^c) = B^k$, $(\overline{J}^k \bullet X^c) = \overline{B}^k$, elles sont orthogonales et engendrent $\mathcal{M}(X)$, et $\langle J^k \bullet X^c, \overline{J^k \bullet X^c}\rangle = (t)$. Les B^k sont des mouvements browniens complexes indépendants.

Démonstration : Si $(.|.)_{T^*}$ commute avec Π, un vecteur $\mathbb{C}$-cotangent et un vecteur anti-$\mathbb{C}$-cotangent sont orthogonaux donc $(J|\overline{J})_{T^*} = 0$, pour J $\mathbb{C}$-cotangent, donc $\langle J \cdot X^c, J \cdot X^c\rangle = 0$, donc $J \circ X^c$ est une martingale conforme, donc X est une semi-martingale conforme d'après (7.1). On peut encore dire : si V' est un ouvert de V, φ une fonction complexe C^2 sur V, holomorphe dans V', on a $L(\varphi^2) - 2\varphi L\varphi = 0$, donc $(\varphi' \circ X|\overline{\varphi' \circ X})_{T^*} = 0$ sur $X^{-1}(V')$, donc $\langle(\varphi' \circ X) \bullet X^c, (\varphi' \circ X) \bullet X^c\rangle \sim 0$ sur $X^{-1}(V')$, donc $\langle(\varphi \circ X)^c, (\varphi \circ X)^c\rangle \sim 0$ sur $X^{-1}(V')$, donc $(\varphi \circ X)^c$ est équivalente sur $X^{-1}(V')$ à une martingale conforme (4.2), donc X est, par définition, une semi-martingale conforme.

Inversement, supposons que X soit une semi-martingale conforme. Soient j, j' deux champs de vecteurs continus, $\mathbb{C}$-cotangents ; alors $\langle(j \circ X) \bullet X^c, (j' \circ X) \bullet X^c\rangle = 0$, puisque $(j \circ X) \bullet X^c$ et $(j' \circ X) \bullet X^c$ forment un couple conforme ; donc $(j \circ X|\overline{j' \circ X})_{T^*} \bullet (t) = 0$, donc, λ-presque partout $(\lambda = \mathbb{P}^\mu)$, $(j \circ X_t|\overline{j' \circ X})_{T^*} = 0$ pour Lebesgue-presque tout t, donc pour tout t par continuité. Mais, si V' est un ouvert, X rencontre cet ouvert pour des ω d'un ensemble de λ-probabilité > 0 [20], donc il existe un $v \in V'$ tel que $(j(v)|\overline{j'(v)})_{T^*} = 0$, donc c'est vrai pour tout v de V par densité. Mais, pour tout v de V, tous $j_v, j'_v \in T^*_{\mathbb{C}}(V;v)$, il existe des champs continus j, j' de vecteurs $\mathbb{C}$-cotangents dont ils sont la valeur en v ; donc j_v, $\overline{j}'_v$ sont orthogonaux. Donc, pour tout v, $T^*_{\mathbb{C}}(V;v)$ et $\overline{T^*_{\mathbb{C}}(V;v)}$ sont orthogonaux, donc $(.|.)$ commute avec Π. Soit J un processus optionnel unitaire $\mathbb{C}$-cotangent, il s'écrit $(1+i\Pi)J_o$, où J_o est un processus cotangent réel ; J_o et ΠJ_o sont orthogonaux, parce que Π est antihermitien : $(\Pi J_o|J_o)_{T^*} = -(J_o|\Pi J_o)_{T^*} = o$; donc il leur correspond des martingales $J_o \circ X^c = B'$, $\Pi J_o \circ X^c = B''$, orthogonales ; $J \cdot X^c = B = B' + iB''$. Comme $1 = (J|J)_{T^*} = (J_o|J_o)_{T^*} + (\Pi J_o|\Pi J_o)_{T^*} = 2(J_o|J_o)_{T^*} = 2(\Pi J_o|\Pi J_o)_{T^*}$, on aura aussi $(t) = \langle B,\overline{B}\rangle = 2\langle B',B'\rangle = 2\langle B'',B''\rangle$, donc ces derniers valent $\frac{1}{2}(t)$. C'est une telle somme B qu'on appelle un mouvement brownien complexe.

Cas particulier des opérateurs pseudo-kähleriens.

Si l'opérateur L est associé à une forme commutant avec Π, c-à-d. si les $a^{i,j}$, $a^{\overline{i},\overline{j}}$, sont nuls, et si les b^i (donc $b^{\overline{i}}$) sont nuls dans une carte d'un ouvert de V, ils le sont dans toutes les autres cartes du même ouvert, comme le montrent les formules de changement de cartes. L'opérateur s'écrit partout $L = \frac{1}{2} \sum_{i,j=1}^{N} a^{i,\overline{j}} \frac{\partial^2}{\partial z^i \partial \overline{z}^j}$. L'ensemble de toutes ces propriétés ($a^{i,j}$, $a^{\overline{i},\overline{j}}$, b^i, $b^{\overline{i}}$ et le terme constant nuls) se traduit d'ailleurs pas le fait unique que $L\varphi = 0$, pour toute fonction holomorphe (ou antiholomorphe) φ. On peut donc dire intrinsèquement qu'un opérateur différentiel L du 2ème ordre elliptique sur V commute avec Π et est sans terme constant ni du premier ordre, et cela se traduira par la seule condition intrinsèque : $L\varphi = 0$ pour toute φ holomorphe. A toute structure hermitienne continue sur les espaces tangents réels (hermitienne pour la Π-structure), on peut associer un opérateur L unique ayant cette propriété ; car il est défini de manière unique sur chaque carte, et alors, si $(V_n)_{n\in\mathbb{N}}$ est un atlas, $(\alpha_n)_{n\in\mathbb{N}}$ une partition continue de l'unité subordonnée, l'opérateur $\sum_n \alpha_n L_n$ aura la propriété voulue. Au lieu d'écrire que L annule les fonctions holomorphes, on peut écrire que, d'une part sa forme hermitienne sur $T^*(V)$ commute avec Π , et d'autre part, quelles que soient φ, ψ, holomorphes, $L(\varphi\bar{\psi}) = (\varphi'|\psi')_{T^*}$. On appellera <u>pseudokählérien un tel opérateur</u>. En particulier considérons sur V une structure hermitienne de classe C^1 kählérienne ; sur l'espace cotangent <u>réel</u>, $(\xi,\eta)\mapsto(\Pi\,\xi|\eta)$ est une forme bilinéaire antisymétrique, puisque $(\Pi\,\xi|\eta) = -(\xi|\Pi\,\eta)$; donc elle définit un champ de formes bilinéaires antisymétriques, de classe C^1, c-à-d. une forme différentielle Ω de degré 2, de classe C^1 ; on peut calculer le cobord de cette forme ; on dit que la structure est kählérienne, si le cobord $d\Omega$ est nul[♦]. Il est connu que cela entraîne que les fonctions holomorphes soient harmoniques pour le laplacien associé Δ ; on peut aussi dire qu'il existe en tout point de v de V, une carte holomorphe pour laquelle, au point v, les dérivées premières des $g^{i,j}$ soient nulles ; alors, si l'on développe le laplacien de (8.2), il est sans terme du premier ordre au point v pour cette carte, donc pour toute carte holomorphe. Donc <u>le laplacien d'une variété</u> kählérienne est pseudokählérien. Alors :

<u>Proposition (8.11) - Théorème XVII</u> : <u>Si</u> L <u>est pseudokählérien</u> (<u>en particulier si</u> L <u>est le</u> $\frac{1}{2}\Delta$ <u>associé à une structure kählérienne de classe</u> C^1), X <u>est</u>, <u>dans</u> $[0,\zeta[$, <u>une</u> <u>martingale conforme</u>. <u>Inversement</u>, <u>si</u> X <u>est une martingale conforme</u>, L <u>est pseudokählérien</u>.

<u>Démonstration</u> : Si L est pseudo-kählérien, si φ est une fonction C^2 sur V, holomorphe dans un ouvert V', $\varphi\circ X$ est équivalente dans $X^{-1}(V')$ à une martingale puisque $L\varphi = 0$ dans V', mais φ^2 aussi est holomorphe, donc $(\varphi\circ X)^2$ aussi est équivalente à une martingale, donc $\varphi\circ X$ à une

---

♦ Voir André WEIL [1].

martingale conforme par (4.2) ; donc X est une martingale conforme.

Inversement, supposons que X soit une martingale conforme. Si φ est de classe C^2 sur V et holomorphe dans V', $\varphi \circ X$ est alors équivalent sur $X^{-1}(V')$ à une martingale conforme, donc en particulier à une martingale, donc $(L\varphi \circ X) \bullet (t) = 0$. Donc, pour λ-presque tout ω, pour Lebesgue-presque tout t, donc pour tout t par continuité, $L\varphi \circ X = 0$. Pour tout V" ouvert $\subset$ V', il y a une probabilité > 0 pour que la trajectoire passe dans V"[(20)] ; donc il existe un $v \in V''$ tel que $L\varphi(v) = 0$. Par densité, $L\varphi = 0$ dans V'. Donc L est pseudokählérien.

O U F !

N O T E S

(1) page 5. L'intégrale stochastique est justement ce qui fait l'objet essentiel du cours M[1]. Son existence résulte du théorème 20 de M[1], page 300. La formule générale d'Itô est démontrée au théorème 21, page 305.

(2) page 5. Parce qu'une intégrale stochastique est une semi-martingale. Voir M[1], théorème 21, page 301. On remarquera que nous prenons l'intégrale stochastique sur $]0,t]$; de cette manière il n'est pas nécessaire, comme dans M[1], de poser conventionnellement que les processus prennent en 0_- la valeur 0 (ce qui d'ailleurs, plus loin, pour des processus à valeurs dans des variétés, n'aurait pas de sens) ; d'autre part, l'intégrale stochastique d'un processus prévisible H par rapport à une semi-martingale X ne dépend plus alors de la valeur H_0 de H au temps 0. On notera $H \bullet X$ l'intégrale stochastique de H par rapport à X : $(H \bullet X)_t = \int_{]0,t]} H_s \, dX_s$.

(3) page 5. Pour les variétés, tous les livres publiés contiennent les quelques éléments dont nous aurons besoin ici. Voir par exemple : G. de RHAM [1], M. BERGER et M. GOSTIAUX [1], L.P. EISENHART [1], J. MUNKRES [1].

(4) page 9. Le théorème 33, page 311, et la Note (*), page 313, de M[1] démontrent ceci, sur $\mathbb{R}_+ \times \Omega$: s'il existe une suite croissante $(T_n)_{n\in\mathbb{N}}$ de temps d'arrêt, tendant vers $+\infty$, telle que, dans chaque $[0,T_n[$, X soit restriction d'une semi-martingale, alors X est une semi-martingale. Nous raisonnons ici sur $\overline{\mathbb{R}}_+ \times \Omega$. On doit alors modifier comme suit : si $(T_n)_{n\in\mathbb{N}}$ tend <u>stationnairement</u> vers $+\infty$, si, sur chaque $[0,T_n[$,

X est restriction d'une semi-martingale, <u>et si</u> X_∞ <u>est</u> $_\infty$-<u>mesurable</u>, X est une semi-martingale. La démonstration est évidente : les conditions entraînent que X soit adapté cadlag, donc X_{T_n} est $\mathcal{C}_{T_n}$-mesurable ; le processus arrêté X^{T_n} est alors égal à X sur $[0,T_n[$, au processus constant X_{T_n} sur $[T_n,+\infty]$, donc il est une semi-martingale par la démonstration de la partie 1) du lemme, donc X l'est aussi par la démonstration de 33, page 311, de M[1]. Ceci est vrai pour X réelle, donc pour X à valeurs dans V en considérant les $\varphi \circ X$.

(5) page 10. Ma première rédaction ne contenait que le cas particulier $A = \overline{\mathbb{R}}_+ \times \Omega$ tout entier. C'est P.A. Meyer qui m'a fait remarquer que cela s'applique toute aussi bien à A compact optionnel, et que ce cas plus général a des applications intéressantes. Il en a donné aussi une démonstration très différente. Voir des articles de P.A. MEYER et G. STRICKER, à paraître dans le Séminaire de Strasbourg, vol. XIV, 1978-79.

(6) page 12. La continuité de θ^{-1} n'est pas difficile à voir, mais un peu longue à écrire ; comme de toute façon les espaces lusiniens sont devenus d'usage courant en probabilités, autant vaut les utiliser. Voir SCHWARTZ [1], 1ère partie, chapitre II, page 92. On en utilisera ici la définition 2, page 94, et le corollaire 2, page 101.

(7) page 16. Voir DELLACHERIE [1], IV, théorème 16, page 74, et théorème 20, page 77. La démonstration que nous donnons ici est très proche de celle de M[1], page 308. Le présent lemme (3.1 bis) a été démontré pour une martingale locale continue dans GETOOR-SHARPE [1], lemme (4.1), page 284, par notre démonstration de la proposition (3.2), car, pour M continue, $\langle M,M\rangle = [M,M]$.

(8) page 17. D'une façon générale, les temps 0 et $+\infty$ peuvent demander un traitement spécial, mais ne peuvent jamais occasionner une difficulté profonde, pour la bonne raison qu'on peut toujours rajouter un intervalle sous 0 et un autre au-dessus de $+\infty$, en prolongeant les processus

et les tribus de manière constante. Ce que nous disons ici sur les discontinuités accessibles peut s'énoncer plus précisément ainsi. (Pour inaccessible, accessible, prévisible, voir DELLACHERIE [1], chapitres III et IV. Voir en particulier théorème 4.1 page 58 et théorème 30 page 84.) L'ensemble des discontinuités de M est contenu dans $G_1 \cup G_2$, où G_1 est réunion dénombrable de graphes de temps d'arrêt complètement inaccessibles (non nécessairement partout définis), et où G_2 est réunion dénombrable de graphes de temps d'arrêt prévisibles. L'ensemble Δ_1 des discontinuités sur G_1 est appelé l'ensemble des discontinuités inaccesibles, l'ensemble Δ_2 des discontinuités sur G_2 l'ensemble des discontinuités accessibles ; Δ_1 est optionnel, Δ_2 est accessible. Il existe un plus petit ensemble prévisible $\overline{\Delta}_2 \supset \Delta_2$, et c'est exactement l'ensemble des points de discontinuité de $\langle M,M\rangle$. Ce fait est sans doute connu, mais je ne l'ai jamais vu énoncé nulle part. Il y a donc des points où M est discontinue et $\langle M,M\rangle$ continue (ceux de Δ_1), et des points où M est continue et $\langle M,M\rangle$ discontinue (ceux de $\overline{\Delta}_2 \setminus \Delta_2$) ; la remarque qui suit donne un exemple de ce dernier cas, à savoir les points de $\{+\infty\} \times \Omega_2$.

(9) page 24. Voir DELLACHERIE [1], théorème 19, page 77. Comme $\mathbb{R}$ est homéomorphe à $]0,1[$, on peut supposer H borné, et on prend alors simplement sa projection prévisible. L'intégrale stochastique que nous introduisons ici, pour X continue, est bien plus élémentaire que celle de M[1], pages 274 et 342.

(10) page 38. Pour la définition et les propriétés des variétés de Stein, il y a une abondante littérature ; voir par exemple HÖRMANDER [1], chapitre V. Nous ne nous en servirons pas. Pour tout ce qui concerne les variétés analytiques, on pourra consulter HÖRMANDER [1], André WEIL [1], SCHWARTZ [3].

(11) page 44. Les fonctions plurisous-harmoniques ont été introduites et systématiquement étudiées par Pierre LELONG. Une fonction φ réelle sur $\mathbb{C}^N$ est plurisous-harmonique si elle est semi-continue supérieurement, à valeurs dans $[-\infty,+\infty[$, et si sa restriction à toute droite complexe est sous-harmonique. La matrice $\left(\frac{\partial^2\varphi}{\partial z_i\ \partial \bar{z}_j}\right)_{ij}$ est alors hermitienne ≥ 0 (c'est une matrice distribution, une matrice fonction continue si φ est de classe C^2). Une fonction φ plurisous-harmonique est limite d'une suite décroissante de régularisées par des fonctions C^∞ à supports tendant vers l'origine, à symétrie sphérique. La plurisous-harmonicité est une propriété locale et est conservée par les isomorphismes analytiques, on peut donc définir des fonctions plurisous-harmoniques sur des variétés analytiques. La fonction induite par une fonction plurisous-harmonique sur une sous-variété analytique est encore pluri-sous-harmonique. On pourra consulter par exemple LELONG [1], [2], ou HÖRMAND[ER] [1], chapitre II, 2.6. Une fonction pluriharmonique réelle est une fonction qui est localement la partie réelle d'une fonction holomorphe.

(12) page 49. La limite d'une suite décroissante $(Z_n)_{n\in\mathbb{N}}$ de sous-martingales (ou même sous-martingales généralisées) est une sous-martingale généralisée. En prenant les $Z_n \vee (-M)$, on se ramène aussitôt aux sous-martingales vraies, et, par changement de signe, à la limite d'une suite croi[s]sante de surmartingales. Voir Paul-André MEYER [2], théorème T 16, page 135.

(13) page 50. Un ensemble polaire de $\mathbb{R}^n$ est un ensemble H ayant la proriété suivante : pour tout $a \in \mathbb{R}^n$, il existe un voisinage U de a et une fonc[tion] sous-harmonique φ sur U, non identique à $-\infty$, égale à $-\infty$ sur $U \cap H$. C'es[t] aussi un ensemble de capacité nulle. Ce théorème se trouve dans tous l[es] ouvrages qui traitent des rapports entre fonctions harmoniques et mouvement brownien ; voir par exemple BLUMENTHAL et GETOOR [1], chapitre [I] et plus particulièrement page 96 ; inversement, tout ensemble H boréli[en]

ayant cette propriété est polaire.

(14) page 53. Ce théorème se trouve démontré un peu partout. Voir par exemple SCHWARTZ [1], 1ère partie, chapitre II, théorème 21, page 139 ; ou Paul-André MEYER [2], théorème T 52, page 102 ; ou DELLACHERIE [1], chapitre III, théorème T 23, page 51.

(15) page 56. Pour tout ce qui concerne les espaces stables de martingales réelles et l'orthogonalité, voir M[1], définition 5 page 262, et pages suivantes, jusqu'à 273. C'est essentiellement le cas des espaces stables de martingales de carré intégrable qui y est traité ; le cas des martingales locales continues s'en déduit aisément.

(16) page 57. Je ne sais pas si ce résultat très élémentaire figure explicitement quelque part ! On le voit aussitôt en prenant d'abord le cas où H est bornée, puis le cas général en utilisant le critère des lignes suivantes.

(17) page 70. Si X est un processus adapté continu à valeurs dans V, et si $(K_n)_{n\in\mathbb{N}}$ est une suite croissante de compacts de V, de réunion V, on peut poser $T_n = \mathrm{Inf}\{t \,;\, X_t \notin K_n\}$; $(T_n)_{n\in\mathbb{N}}$ est une suite croissante de temps d'arrêt, tendant stationnairement vers $+\infty$. Le processus X, dans $]0,T_n]$, prend alors ses valeurs dans K_n ; si donc h est une fonction sur V, bornée sur tout compact (par exemple si elle continue, comme c'est le cas ici des $\frac{\partial f}{\partial x_i}$), $h \circ X$ est un processus optionnel borné dans $]0,T_n]$, donc $h \circ X$ est un processus optionnel localement borné. Supposons maintenant que h soit, par exemple, un champ de vecteurs tangents sur V. Cela n'a pas de sens de dire qu'il est borné, sauf si on met sur V une structure riemannienne continue, mais alors cela dépend de la structure riemannienne. Toutefois cela n'en dépend pas sur un compact de V. On pourra donc parler d'un champ h borélien, borné sur tout compact de V, sans spécifier pour quelle structure riemannienne (par exemple h continu) ; alors le champ $h \circ X$ sera lui aussi un processus

optionnel localement borné (à valeurs dans le fibré tangent). Plus généralement, si h est un processus tangent, $h(s,\omega) \in T(V;X(s,\omega))$, on dira qu'il est localement borné s'il existe une suite $(T_n)_{n\in\mathbb{N}}$ tendant stationnairement vers $+\infty$, telle que X reste dans un compact de V dans $]0,T_n]$ et que h soit borné dans $]0,T_n]$.

(18) page 103. Le théorème complet d'existence et d'unicité de ce processus de Markov est dû à Stroock et Varadhan, voir [1]. On pourra aussi consulter PRIOURET [1] (notamment chapitre VI, théorème XI, page 111. Les hypothèses y sont trop fortes ; on peut retrouver les nôtres par le théorème III, page 101, du même ouvrage), et l'exposé du travail de Stroock et Varadhan dans MEYER [3].

(19) page 105. C'est précisément par le biais de ce problème des martingales que Stroock et Varadhan trouvent le processus de Markov. On retrouvera cette formulation tout le long des ouvrages de la Note précédente.

(20) pages 117, 120. C'est ce qui est démontré dans STROOCK-VARADHAN [2], (3.1 En effet, l'ensemble des trajectoires contenues dans $\complement V'$ est fermé dans Ω, et d'après ce résultat (3.1), ne peut porter la mesure $\mathbb{P}^{\mu} = \lambda$.

(21) page 85. Les notations sont choisies de façon que V, variété $\mathbb{C}$-analytique puisse encore être considérée, si on le veut, comme variété réelle de classe C^2. Les notations utilisées ici sont par exemple celles de André WEIL [1], ou SCHWARTZ [3].

INDEX BIBLIOGRAPHIQUE

M. BERGER, B. GOSTIAUX

[1] Géométrie différentielle, A. Colin (Paris) 1972.

N. BOURBAKI

[1] Variétés différentielles et analytiques, fascicule des résultats, § 1-15, Hermann (Paris)

M. BRELOT

[1] Eléments de la théorie classique du potentiel, 4ème édition, Centre de Documentation Universitaire (Paris) 1959.

. DELLACHERIE

[1] Capacités et processus stochastiques, Ergebnisse der Math....vol. 67, Springer-Verlag (Berlin-Heidelberg-New York) 1972.

.K. GETOOR et M.J. SHARPE

[1] Conformal martingales, Inv. Math., 16 (1972), 271-308.

. HÖRMANDER

[1] An introduction to complex analysis in several variables, North-Holland (Amsterdam-Londres) 1973.

. LELONG

[1] Les fonctions plurisous-harmoniques, Annales de l'E.N.S., 62 (1945), 301-333.

[2] Ensembles singuliers impropres des fonctions plurisous-harmoniques, J. Maths. Pures et Appl., XXXVI, fasc. 3 (1957), 263-303.

A. MEYER

[1] (toujours cité comme M[1]) Séminaire de Probabilités X, Strasbourg, 1974-75, Lect. Notes in Maths. No 511, Springer-Verlag, 1976. L'article toujours cité est : Un cours sur les intégrales stochastiques, 1974-75, pp. 245-400.

[2] Probabilités et potentiels,, Hermann (Paris) 1966.

[3] Séminaire de Probabilités IV, Strasbourg, 1968-69, Lect. Notes in Maths. No 124, Springer-Verlag, 1970. L'article cité est un exposé des résultats de Stroock et Varadhan, par Catherine DOLEANS-DADE, Claude DELLACHERIE, et Paul-André MEYER, pp. 240-282.

J.R. MUNKRES

[1] Elementary differential topology, Princeton Univ. Press, 1963.

J. PELLAUMAIL

[1] Sur l'intégrale stochastique et le décomposition de Doob-Meyer, Astérisque, No 9, Société Mathématique de France (1973).

P. PRIOURET

[1] Processus de diffusion et équations différentielles stochastiques, Ecole d'été de Probabilités de Saint-Flour III, 1973, Lect. Notes in Math. No 390, Springer-Verlag, 1974, pp. 37-113.

G. de RHAM

[1] Variétés différentiables, Hermann (Paris), 1955.

L. SCHWARTZ

[1] Radon measures on arbitrary topological spaces, and cylindrical measures, Tata Institute for Fundamental Research, 1973, Oxford Univ. Press (London).

[2] Surmartingales régulières à valeurs mesures et désintégrations régulières d'une mesure, Journal d'Analyse Mathématique, 26 (1973), 1-68

[3] Lectures on complex analytic manifolds, Tata Institute for Fundamental Research, 1955.

D.W. STROOCK et S.R.S. VARADHAN

[1] Diffusion processes with continous coefficients, Comm. on Pure and Appl. Maths., XXII (1969), 345-400 et 479-530.

[2] On the supports of diffusion processes, with applications to the strong maximum principle, Proceedings of the 6th Berkeley Symposium 1970-71, vol. III, University of California Press (1972) pp. 333-35

A. WEIL

[1] Variétés kählériennes, Hermann (Paris), 1958.

R.M. BLUMENTHAL, R.K. GETOOR

[1] Markov processes and potential theory, Pure and Applied Mathematics, Academic Press, (New-York et Londres) 1968.

INDEX TERMINOLOGIQUE

et

INDEX DES NOTATIONS

Il a paru aussi commode de faire cet index, non pas par ordre alphabétique, mais par ordre d'intervention des diverses notions et notations.